目次　原発避難はできるか

はじめに

　原子炉を稼働する以上は、あるいは原子炉が停止していても使用済核燃料が貯留されているかぎり核事故の可能性がある。使用済核燃料の処理施設についても同様である。これら核施設が立地する道府県・市町村は緊急事態に備えた防災計画を策定する必要がある。これは地震・津波・風水害などと同じく防災の一環であり、原子力の利用に関する賛成・反対にかかわらず、起きることを前提として策定する計画である。しかし核事故そのものを防止する対策は主に事業者が担う責務であり、道府県・市町村が関与する余地はほとんどない。

　道府県・市町村の主な責務は「災害対策基本法（災対法）」と「原子力災害対策特別措置法（原災法）」に基づいて住民の生命・財産を守る活動である。このような背景から、道府県・市町村では避難計画が重要な課題となる。筆者は二〇一四年に前著『原発避難計画の検証[注1]』で概略ではあるが国内の全原発に対して避難時間の評価を行い、いずれの原発でも現実的な時間内での避難は困難であることを指摘した。

その後、二〇一四年に道府県・市町村の避難計画の基本となる「原子力災害対策指針（以下「指針」）[注2]」の方針転換があり「できるだけ住民を逃がさない」施策に転換した。これに伴って道府県・市町村の広域避難計画も改訂されつつある。

一方で各発電事業者は、二〇一三年七月に施行された「実用発電用原子炉に係る新規制基準」[注3]に基づいて適合性審査を申請し[注4]、本書執筆時点で一五基が審査終了（いわゆる「合格」）・一二基が審査中であり、終了分のうち二〇一五年八月の九州電力川内一号機を皮切りに九基が再稼働（二〇二〇年一月時点）した[注5]。これらはいずれもＰＷＲ（加圧水型）であるが、二〇一九年以降は日本原子力発電の東海第二、東北電力の女川原発などＢＷＲ（沸騰水型）の審査終了が続いている。

本書の第1章では、福島事故後に新たに蔓延しつつある「新安全神話」と再稼働の危険性について指摘する。日本の原発の安全管理は、原子力の導入期に端を発する欠陥を引き継いだままである。「世界一厳しい安全基準」と称される「新規制基準」は、たとえて言えば、空き巣犯に玄関から侵入された経験から玄関には何重にも鍵や監視カメラを取り付けたが、窓やベランダの引戸は前のままという性格である。過去一〇〇年の数値的な記録が残る地震だけをみても、Ｍ（マグニチュード）７以上の地震が日本列島の至るところで発生している。次の原発災害はどこで起きるか、起きたとすればどのような影響が生じるだろうか。

第2章では、避難行動と被ばくの基本について整理する。他の自然災害と異なり、原子力災害における避難とは被ばくを避ける（あるいは最小限にとどめる）ことが目的である。避難とは単に原発から遠ざかるように移動する行動だけではない。原発の事故に際してどのような放射性物質が、いつ、どれだけ出てくるのか、それに起因して被ばくがどのようなメカニズムで起きるのか、避難と結びつけて考える必要がある。

第3章では、福島事故以後の避難政策の変遷と問題点を述べる。福島事故以後、二〇一二年にいったん「指針」が制定されたが、その後に「できるだけ住民を逃がさない」方針に転換した。その理由は、第一に当初から指摘されていたとおり三〇㎞圏内の住民が迅速かつ安全に移動することはほぼ不可能であることが露呈したためと考えられるが、第二は住民を避難指示によって動かすと発電事業者に補償責任が発生するので、それを極力抑える思惑が働いていると考えられる。

「指針」では五〜三〇㎞圏内では、原子力緊急事態の際はすぐに避難せず屋内退避を原則とすることにより、総合的に被ばくが低減できるとしている。しかしこれは、放射性物質の放出時期や量が事前に予想できる場合など、ごく楽観的な条件でしか成立しない。福島事故のように現場でも先の見通しが立たない深刻な状況に対しては「指針」は役に立たない。

第4章では、現在までに明らかになったさまざまな地域の課題をもとに、避難の困難性について検討した。前著では三〇km圏内の同心円状の避難を前提として、全国の原発について網羅的に避難時間を推計した。その後、筆者は「指針」の改訂に応じて、各地の原発に関して順次検討を行っているが、紙面の制約もあり今後BWRとして再稼働の可能性がある東海第二原発（日本原子力発電）と、一部は女川原発（東北電力）を取り上げた。ただし全国いずれの原発についても検討の手法は同じであり、多くの共通の要素がある。関心のある方は問い合わせていただきたい。

第5章では、避難したあとどうなるのかについて考える。「災対法」「原災法」の趣旨からしても、避難とはただ汚染地域から脱出する行動だけではなく、避難先でどのように生活するのか、帰還・復興はどうするのかも考えなければならない。いま政府は福島原発事故の被災地に関して次々と避難指示区域を解除し、帰還政策を推進している。しかし政府の文書に「東京オリンピックを念頭に置いて」という記述が登場するように、それは地域住民のための復興ではない。「除染」によって発生した膨大な汚染土の処理も未解決のままである。これまで「原発は地域の経済に貢献する」と認識され、二〇一九年に露呈した関西電力と原発の立地自治体の金品授受にみられるように、時に良識に反する手段を用いてでも核施設の誘致・維持が試みられてきた。しかし事故の問題を別としても、市町村ごとの社会・経済状況のデータを分析すると、原発が地域の住民に恩恵をもたらしたかは疑問である。

国の避難政策が「できるだけ住民を逃がさない」方針に転換したと同時に、現実にもひとたび原発事故があれば現実的な時間内で安全な避難は不可能であることが検討により改めて確認された。すなわち住民の生命・財産を守るための最も賢明な選択は原発の停止である。ただし原子炉が停止していても使用済核燃料のリスクは残る。使用済核燃料は乾式貯蔵に移行して各発電所の敷地内で保管する方式が最も合理的であろう。

乾式貯蔵とは、取り出し後数年間経過して発熱量が低下した使用済燃料を金属製の遮へい容器に収納し、水を使わず自然放置で保管する方法である。福島第一原発で部分的に試行していた乾式貯蔵では、津波による浸水を被ったが破損や放射性物質の漏出はなかった。ただし敷地内の保管スペースには限りがあるので、使用済燃料をいま以上に増やさない、すなわち原発の停止が前提である。また停止後の原子炉に対して廃炉の課題があるが、被ばくの拡大を避けるため、最低限の保全措置（倒壊のおそれのある構造物の対処など）を施して放射線レベルが十分に下がるまで「放置」するのが望ましい。

なお本書では多くの先人の研究成果を引用させていただいた。文献・資料の正確な引用に努めたことはもちろんであるが、横書きの文献の引用に際して数字の表記や括弧の使用を和文式に修正し、工学的な単位を片仮名書きにするなど便宜的な統一を施している箇所がある。また法律・政省令・自治体の条例等は最新の正文がウェブサイト等で容易に参照できるので出典の記載は省略した場合がある。

脚注

注1　上岡直見『原発避難計画の検証　このままでは、住民の安全は保障できない』合同出版、二〇一四年。

注2　原子力規制庁「原子力災害対策指針」現時点では二〇一九年七月版が最新。https://www.nsr.go.jp/data/000024441.pdf

注3　原子力規制委員会「新規制基準について」。https://www.nsr.go.jp/activity/regulation/tekigousei/shin_kisei_kijyun.html

注4　正確には「原子炉設置変更許可申請」「工事計画認可申請」「保安規定変更許可申請」の三段階がある。

注5　電気事業連合会「国内の原子力発電所の再稼動に向けた対応状況」。https://www.fepc.or.jp/theme/re-operation/

1　再稼働と「新安全神話」

四〇年前から始まっていた福島原発事故

以前に資料を整理していたところ一九七六年刊行の『電気の技術史』[注1]という本が出てきた。そこには日本の原発事業の導入期から安全評価や防災対策がいかに杜撰であったかが明確に記述されている。二〇一一年三月の地震・津波は破滅的事故への通過点にすぎなかった。日本の原発事業の導入期から回り始めていた時限爆弾のタイマーがゼロになったのである。したがって福島原発事故に相当する事態は、特に経年の古い他の原発でも起こりうる。同書には次のような記述がある。

原子力発電所の安全審査も問題が多く実質的な討論がなされず，素粒子論の指導的研究者の一人である浜田昌一は「このような審査のしかたではその内容に責任がもてない」と委員を辞任せざるを得なかった。事実、争奪合戦［注・導入は米国製か英国製か、管理は国主導か事業者主導かなどの対立］の結果、原子力委員会は一九五七年八月にコールダーホール改良型発電炉と、濃縮ウラン水冷却動力試験炉の輸入をきめたが、事故時の放射性ヨウ素放出量見積問題では一九五九年三月には一万キューリといっていたものが、七月には二五〇キューリ、八月には二五キューリと科学的説明抜きでくるくると変更された。これは、イギリスやアメリカの放射線被曝制限値が順次きびしく伝えられ、これに合せて逆算して放出量をかってに推測してきめたことによるもので、この問原子炉そのものの安全性を厳しく審査しようという態度が見られなかった。注2

原子炉事故自体についていえば、世界各国の原子力施設で生じた各種の事故のうち、設計不備にもとづくものは全体の四分の一たらずで、他の多くは、誤操作・不注意などの人的原因や機器故障などいずれも設計時にカバーできない原因も生じているのが実情で、核分裂そのものがもつ潜在的危険性から使用ずみ核燃料の再処理・放射能廃棄物処理、さらには三〇年間の寿命といわれる原子炉自体の廃炉処理、従業員の被曝にいたるまでまだ解明されなければならない問題が多い。こうした多くの問題点を今日の原子力発電技術がもつにもかかわらず、さらにたとえば、一九七〇年三月一四日に発電開始の敦賀発電所（出力三七万一〇〇〇kW濃縮ウラン軽水減速冷却）の核燃焼プログラムが、わずか数カ月先に嫁動開始したばかりのオイスター・クリーク発電所に全面的に依存したものであったことにみられるように、導入大型原子炉が安全性研究による実験的な確認のないまま次つぎと「安全である」という安全審査結論を得て各地に建設されている。注3

この時期には原子力の利用が未経験のために、単に「火力発電の熱源が原子力に置き換わっただけ」という認識のみで安易に捉えられていたのであろう。その後、出力一〇〇万kW級の原子炉が全国に数十基も設置され、放射線防護対策がとうてい追いつかない状況が出現するとは具体的に想像できなかったのではないかと思われる。

日本の原子力発電の導入期から関与してきた森一久は、二〇〇七年のインタビューで、日本の原子力関係者は何か問題があるとアメリカやメーカーに電話をかけて、調査から報告資料の作成・説明まで依存しており「自分たちは電話技術者だ」と自嘲しているエピソードを紹介している。これは原子力導入期の状況ではなく、むしろ近年ほど自主性が薄れ、依存体質が強まっているという[注4]。

これらの問題は福島原発事故に至るまで、またその後も改善されていない。また前述の記述から、この当時は原子炉の寿命が三〇年間と考えられていたが、今や六〇年まで延長するという。廃炉処理、従業員の被ばくについても進展が乏しい。炉の周辺部では部分的な改良が行われているとしても、反応容器と格納容器の本体を取り替えることはできない。いま停止中の原子炉、特に経年の古い炉を再稼動すれば、時限爆弾のタイマーが再び回りだす。

各地で次々とタイマーがアップしたら、日本そのものの存立にかかわる事態となる。福島原発事故で避難指示が出されなかった区域からの避難者（区域外避難者、いわゆる「自主避難者」）で群馬県内に避難している人々が、国と東京電力に対して損害賠償を求めた集団訴訟の事例がある。この訴訟は二〇一三年九月に提起され、前橋地裁を経て本書執筆時点では東京高裁で控訴審の段階にある。この中で国側の準備書面（法廷での弁論に先立ち、双方の主張の論拠などを文書でやり取りする手続き）では「避難指示が出されていない区域からの避難を二〇一二年一月以降も続けていることは、現在そこに居住している住民の心情を害するとともに、我が国の国土に対する不当な評価である」と記載されていた。[注5] 大量の放射性物質を環境中に放出した福島原発事故を未然に防止できなかった責任の根幹は国の原子力政策にあることを考えれば、これは全く本末転倒の主張である。

ところで前述のように、原子力の導入期での放射性ヨウ素放出量の推定では、根拠はともかく二五キュリーと決められたのであるが、今回の福島事故で放出された放射性ヨウ素の放出量は二〇一一年三月末までに五〇〇PBq（ペタベクレル）と推定されている。[注6] これをキュリーに換算すれば桁ちがいの一三五〇万キュリーに相当し、導入期の原子炉出力が現在の商用炉の三分の一程度であったことを考慮しても、当時の想定がいかに杜撰であったか改めて認識される。

こうした物理的な脆弱性が改善されていないのと同じく、原子力防災体制も基本的に改善がない。複合災害への対処や、避難行動要支援者（自力で移動できない人など）の移動手段なども見通しが立たない。原子力防災の枠組みを定めた原子力災害対策特別措置法（原災法）では、単に原子力災害が発生したら避難すればよいという考え方ではなく、事前の発生防止、被害の拡大防止、事後対策まで一連の過程について、原子力事業者・規制委員会・国・道府県・市町村の責務を定めている。

ところがこれらは互いに責任を押しつけ合って誰も責任を負わない「集団的無責任状態」のまま再稼働だけが独り歩きしている。避難計画の基本となる現在の「原子力災害対策指針」も、後述するように「科学的説明抜きでくるくると変更」「外国の基準に合わせて逆算して放出量をかってに推測」という性格を残したままである。本書はこうした状況をもとに、さまざまな側面から避難計画の検証を試みる。

増え続ける使用済燃料、放射性廃棄物

核燃料の原料（ウラン化合物）は最初は粉末状であるが、いくつかの加工を経て燃料棒として組み立てられ、それを束ねた燃料集合体の形で原子炉に装荷される。新品の燃料棒は人間が触れても問題ないが、いったん原子炉中で核反応（中性子照射済み）を経るとさまざまな放射性核種が生成して、人間が近くに寄ればただちに生理的障害を起こし（確定的影響）行動

図1　核関連施設に保有されている放射性物質（セシウム137の分）

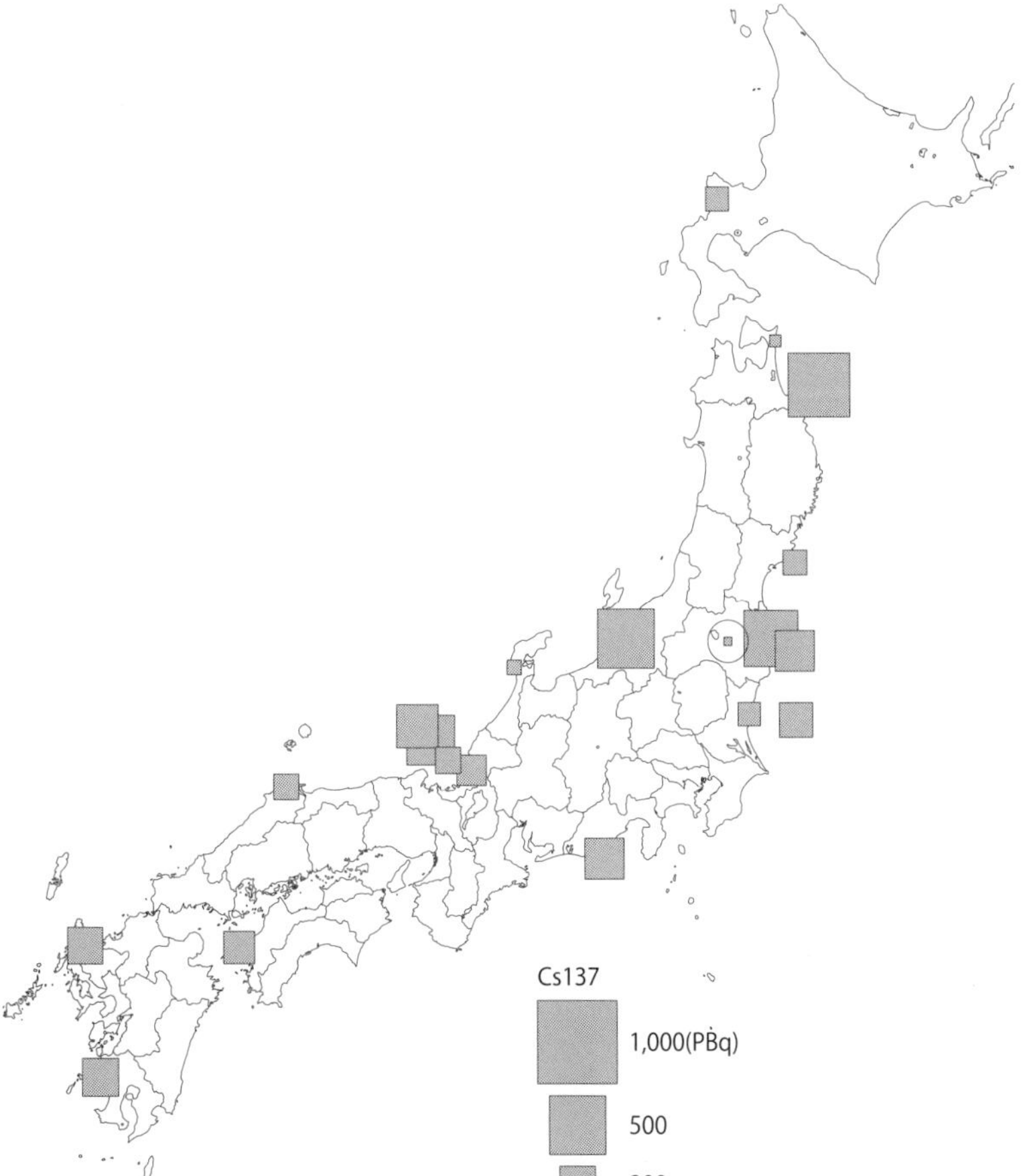

不能に至るレベルの強い放射能を発生する。これらの危険な核種のうち一般にセシウム134・137がよく知られている。

かりにセシウム134・137を代表として、全国の原発および使用済燃料処理施設（青森県六ヶ所村・茨城県東海村）の放射性廃棄物の保有量を図1に示す。各々のマークの面積がPBq（ペタベクレル）であらわしたセシウム134・137の保有量を示す。

参考までに、図上の福島県の中央部の円内に、福島原発事故で放出されたセシウム137の推定量（約一〇PBq・一兆の一万倍）を示すが、図上ではほとんど読み取れないほどの少量にすぎない。[注7] 放出された分は当時炉内に貯留されていた放射性セシウム全体の〇・五〜二％と推定されている。ベクレルで表示すると一兆の一万倍という途方もない大きな数になるが原子の重量にすると三kgに過ぎない。それだけで周辺の市町村がまるごと避難して今も帰還できない地域が残るほどの被害を生じた。さらにその放出量で収まったのも偶然の幸運が重なったにすぎない。

環境中に散らばった放射性物質を取り除いて農地や生活環境を回復するための「除染」が行われたが、今度はその除染で除去した土砂等の行き先に苦慮する事態となっている。もしこれが、炉内の保有量の全量には至らないまでも一割でも放出されていたら、どれほど甚大な被害をもたらしたかは想像に難くない。

一方で全国の各原発および使用済燃料処理施設には、セシウム137に換算して福島原発事故で放出された量の数倍〜数十倍が保有されている。[注8]

原発では使用済燃料として大部分は燃料プール（沸騰水型）あるいは燃料ピット（加圧水型）に保管され、使用済燃料処理施設ではそれらを溶かした液として貯槽に保管されている分もある。これらの使用済燃料あるいは溶液は強い放射線を放出するとともに発熱（崩壊熱）が続くので、遮へいと冷却を兼ねて水を循環させておく必要がある。しかしプール（ピット）や貯槽は原子炉本体に比べると、自然要因（地震・津波など）や人為的要因（テロなど）に対してはるかに脆弱であり、損傷したり停電等により水の循環が停止した場合には、原発数基分の放射性物質の全体が環境中に放出され、福島原発事故とは比較にならない重大な事態に発展する可能性がある。二〇一一年三月二五日前後に、福島事故の収束に失敗した場合のさらなる不測事態が検討されていた。[注9] それによると福島原発から半径二五〇km以上・首都圏三〇〇〇万人の総退避が必要とされる可能性があったことが菅直人（元）首相により後日報告されている。

四号機燃料貯蔵プールの燃料棒の冷却ができなくなり、そのままプールの水が蒸発すれば燃料が溶融して放射性物質の大量放出が発生する可能性があった。しかし隣接の原子炉上部に点検作業のため貯めてあった水が漏洩してプールに流入したこと、また漏洩した水素による建屋の爆発で壁に開口部ができて外部から注水が可能となったことにより、プールの燃料溶融が避けられた。

原子力規制委員会の「牛歩戦術」

原子力発電に批判的な論者からは、原子力規制委員会は結局のところ「合格ありき」の手続きを進めているだけであるから「再稼働推進委員会」ではないかとの揶揄《やゆ》も聞かれる。一方で原子力を推進する側からも規制委員会に対する批判がある。ある論者は規制委員会の審査状況を指して「牛歩戦術」と揶揄している。[注10] これは原子力推進の立場からはたしかに的を得た表現である。規制委員会は、特定重大事故等対処施設（特重施設）、いわゆる「テロ対策施設」の設置が完了しなければ稼働を認めないと決定した。特重施設とは、故意による大型航空機の衝突やその他のテロ類似行為により炉心の損傷が発生するおそれがある場合を想定して、原子炉圧力容器や原子炉格納容器の減圧・注水機能を有する設備およびこれらを操作する緊急時制御室等を設置し、抗堪性《こうたんせい》を有する建屋に収納する設備である。

これは発電事業者にとっては大きな負担となるため、推進側の論者は「一方通行的な規制［注・発電事業者側の事情を斟酌しない］で原子力発電所の安全がより高まるのかは疑問。今回

図2　使用済燃料貯蔵容量と残容量

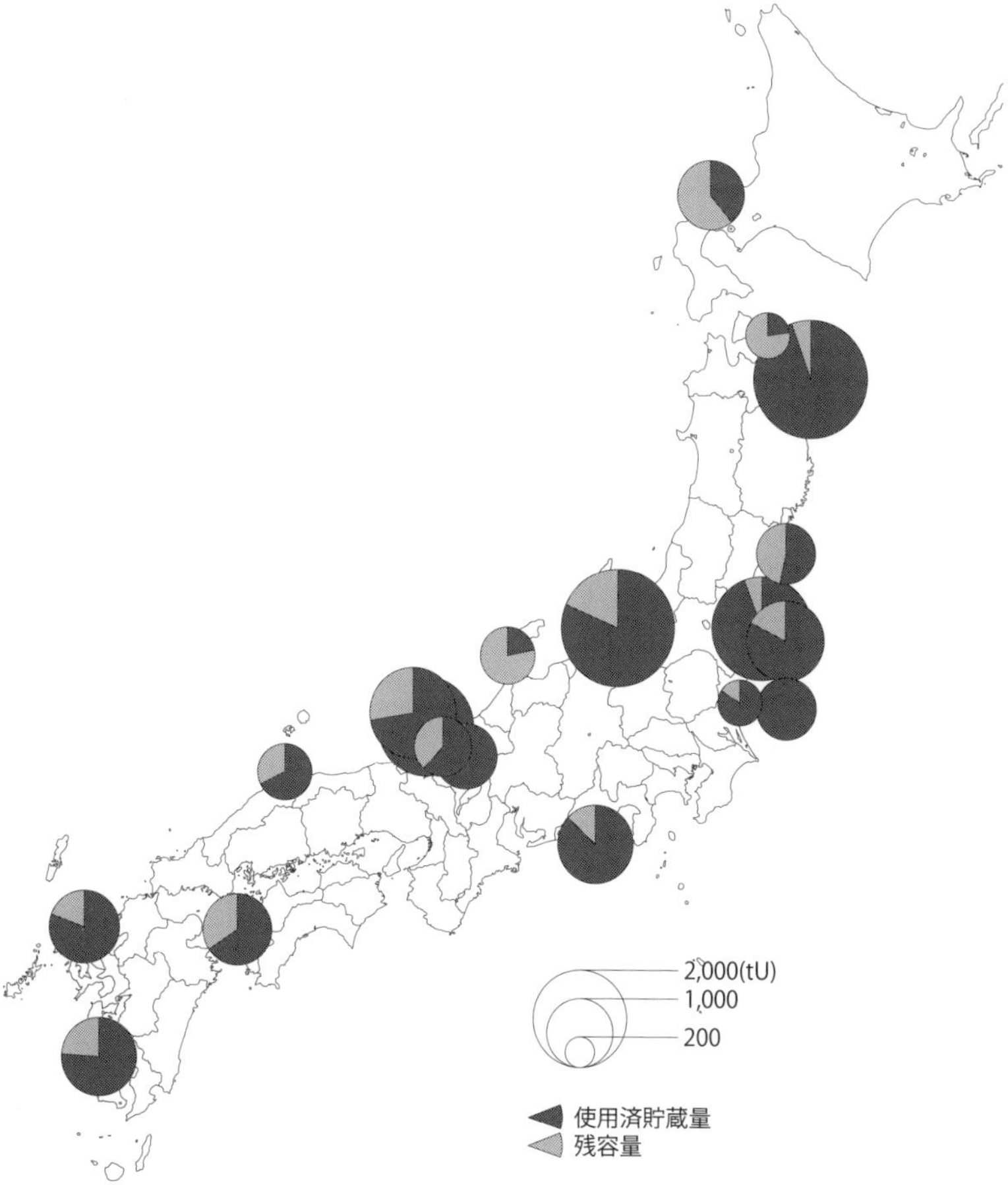

の規制委の判断は将来に大きな禍根を残した」と批判している。[注11] あるいは北海道電力の泊原発では、敷地内にある断層について規制委員会は「活断層の可能性が否定できない」として北海道電力と意見が対立し、審査を引き延ばした。このように規制委員会は発電事業者からみれば「足を引っ張る」姿勢も見せている。

筆者は規制委員会は「原子力延命委員会」であると理解している。図2は各原発および再処理施設の使用済燃料の保管スペースと残容量（二〇一八年九月時点）を示す。[注12] 図中の「tU」はトン・ウランの表示であり燃料中のウランの正味重量の意味である。使用済燃料の貯蔵容量が満杯に近づきつつあるが、使用済燃料の再処理プロセスが稼働していないので使用済燃料の行き先がない。あまりハイペースで再稼働を進めると、使用済燃料の保管スペースがすぐに満杯になり原子力発電そのものが行き詰まってしまう。

このため規制委員会は、発電事業者に対して書類上で煩雑な対応を求め、見かけ上は厳しい姿勢を示して国民の批判を回避しながら、原子力をできるだけ延命する手立てとして「牛歩戦術」を展開している。特重施設の有効性については疑問も提示されているが、効果があってもなくても、ゼネコンや原子力機器関連メーカーに原発一箇所あたり数千億円の金が流れる。発電事業者の負担にはなるが、いわゆる「無駄な公共事業」として生産誘発効果を生じさせることにより、経済界全体に対しては言いわけを提供しているとみることもできる。

核武装能力との関連

原子力の維持について潜在的核武装の能力との関連を挙げる論者もある。たしかに日本の原子力導入の初期には核武装と密接な関連があった。しかし核武装が目的なら、米・ロのように数千発も持たないかぎり原子炉は二〜三基あれば足りる。北朝鮮やイランが少数の核施設を稼働するだけで大問題とされるのはこのためである。

しかし現在の日本では使用済燃料をいくら溜めても核兵器にはならない。商用発電炉から取り出した使用済燃料中にはプルトニウムが生成されているが、このプルトニウムには核兵器用としては不純物となるプルトニウム240が多く、「原子炉級プルトニウム」と呼ばれる。プルトニウムの全体量だけを指して長崎原爆数千発分等と表現されるが、現状の核兵器保有国も原子炉級プルトニウムでの実用核兵器は保有していない。原子炉級プルトニウムで実用弾頭を製造するにはゼロから開発が必要な要素技術が多く、実現性は疑問であるし実験する場所も機会もない。最近は臨界前核実験とコンピュータシミュレーションで実験の一部を代替できるとされているが、米国が同盟国といえども核兵器に関する重要情報を易々と開示するとは思われない。

さらに核弾頭を製造したところで運搬手段（爆撃機やミサイル）とセットでなければ無意味である。一九六〇年代には、爆撃機やミサイルを保有しない日本としては運搬手段の想定に苦慮している。大型旅客機（当時はDC8、次にB747が予定されていた）を改造して爆撃機として使用する等の記述がみられるが、[注13]荒唐無稽であり現在では北朝鮮・インド・パキスタンでさえそのような方式は考慮していない。核燃料サイクルが頓挫して余剰プルトニウム処理の見通しが立たないために核武装の潜在能力保持を口実にしているだけであろう。[注14]

「世界一厳しい安全基準」の性格

新規制基準は「世界一厳しい」と称されているが、その内容自体にも多くの異論があり国会でも指摘されている。[注15]原子力市民委員会の報告では、新規制基準は、原発という巨大なリスクを内包するシステムの安全を十分に考慮した内容になっていないと指摘している。[注16]すなわち、既設の原発の基本的な構造は変えようがないにもかかわらず、周辺部に後付けの設備を付け加えることで「世界一厳しい」と自己評価しているにすぎない。

さらに新規制基準を書類の上でクリアしていても、実際の現場がそうなっているという必然性は全くない。

前述の資料にもあるとおり核施設で生じる事故のうち設計不備にもとづくものは一部で、他の多くは誤操作・不注意などの人的原因や機器故障などにより生じているからである。原発はもとより核反応（核分裂）のエネルギーを利用している故に他の発電方式では存在しない放射線による被ばくの問題がついて回る。しかし同時に、これまで起きた重大な原発事故の多くは、実は「核反応」と関係のない一般的な技術の範囲あるいは単純なミスが発端となっている。原発の運転員は他の化学プラントとの比較では高度な訓練を受けており、特に運転責任者（当直長）は国の定める基準に適合していることが求められるが、それでも特別な能力の人員が選任されているわけではない。

筆者は民間企業で化学プラントの設計・運転・安全性評価に携わってきた。各々のプラントの核心部分には皆が注意を払って慎重に対応する。原発でいえば核反応が関与する部分である。ところが実際の現場での多くのトラブルは、核心部分ではなく、どのプラントでも使われているような一般的・共通的な技術の部分から起きる。

米国スリーマイル島原発事故（一九七九年三月）では、本来は圧力を逃がして容器の破損を防ぐための安全弁が、いったん開いた後に閉まらなくなり水が失われた一方で、水位計に気泡が混入して誤った値を示すトラブルが重なり、ついには炉心の水が失われて燃料棒が露出し炉心溶融に至った。これらの弁や水位計は原発に特有の設備ではなく火力発電所はもとより多くの化学プラントでも使用されている。

国内で高速増殖炉「もんじゅ」のナトリウム漏れ事故（一九九五年一二月）は、配管中のナトリウムの温度の測定のために挿入してあった温度計が、流れによる振動で次第に劣化して折れたためと推定されている。このような温度計および設置方法は、他の工業分野でも多用されており、同様のトラブルも報告されている。これも核反応とは関係ない。さらに東海村ＪＣＯ臨界事故（一九九九年九月）に至っては、核燃料を製造する過程（研究炉用）で手間を省くため所定の装置を使わずバケツで手作業を行っていた際に発生している。筆者の業界ではこうした作業を「炭坑節《ぶし》（人力に頼る作業という意味）」と呼んで自嘲していた。

福島原発事故では、ディーゼルエンジンで駆動する非常用の発電機が津波で浸水して使用不能になり燃料の冷却が不可能になったことが原因とされている。ディーゼル発電機は世界中で産業用・民生用として無数に使用されている設備であり、これも核技術と関係ない。一方で真の原因は津波ではなく、地震動による炉心部分の小さな配管の破損が発端となって津波の前にすでに核燃料の破損が始まっていたとの指摘もある。[注17] この場合であっても、機器や配管の設計や強度計算の方法は原子力に特有の理論があるわけではなく一般の力学と共通である。その計算条件（想定される外力や安全率など）をどのように設定するかの問題だけである。

図3　確率論的リスク評価に基づく事故発生頻度

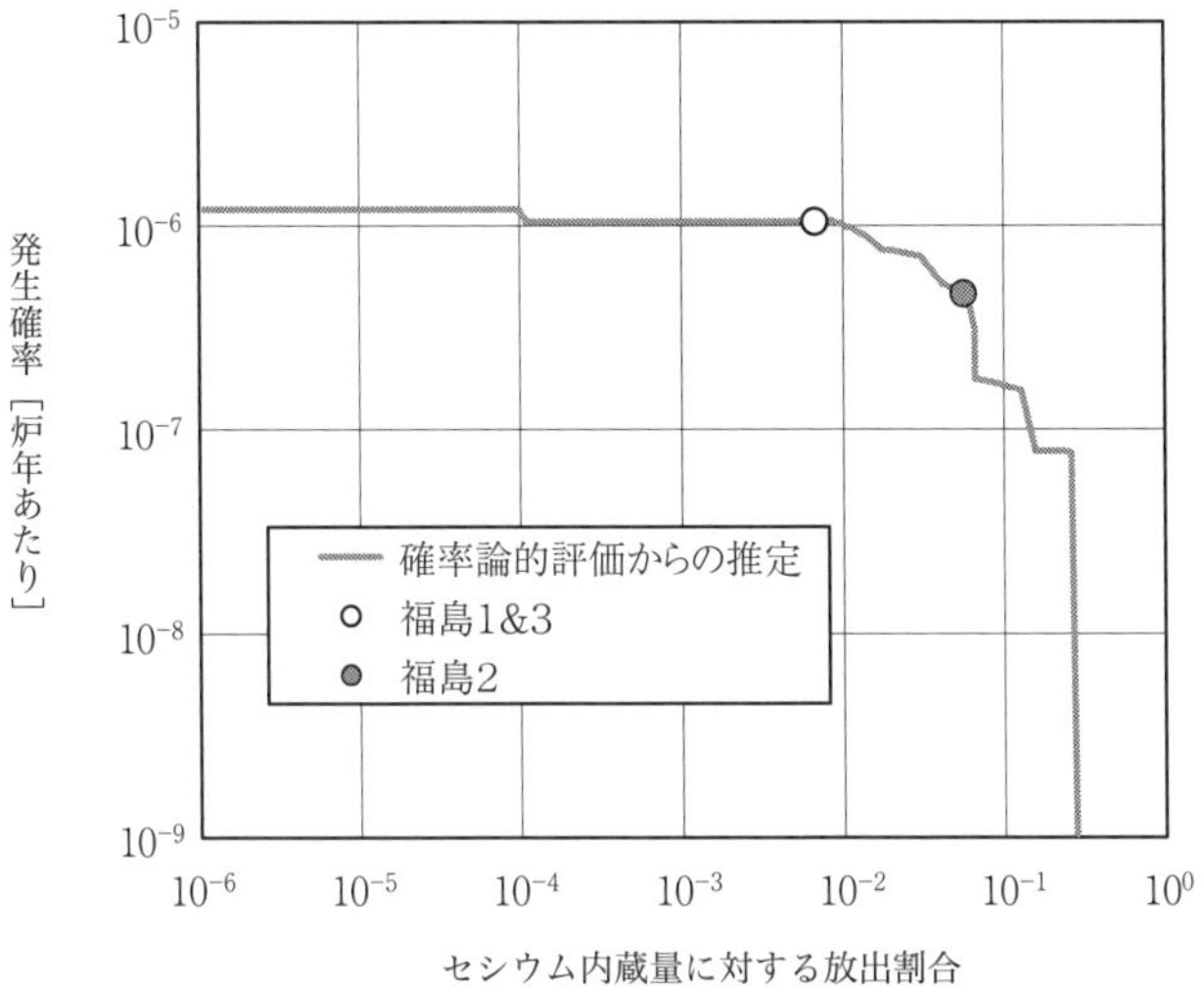

福島原発事故は「想定内」

福島原発事故に関しては、大きな津波が予測されていたのに対策を怠ったとして幹部の刑事責任を問う裁判が行われている。しかしそれを別としても、過去の世界中の主な原発事故の実績と比較すると、福島の事故はその延長線上にあり、決して「想定外」ではなく起こるべくして起きた事故であることが指摘されている。事故前に原子炉の安全性を評価するために用いられていた確率論的評価では「規模の大きい事故ほど発生する確率が少ない」と想定していた。確率論的リスク評価とは、原発の構成要素の故障や破

図4　世界の原発事故と福島原発事故の比

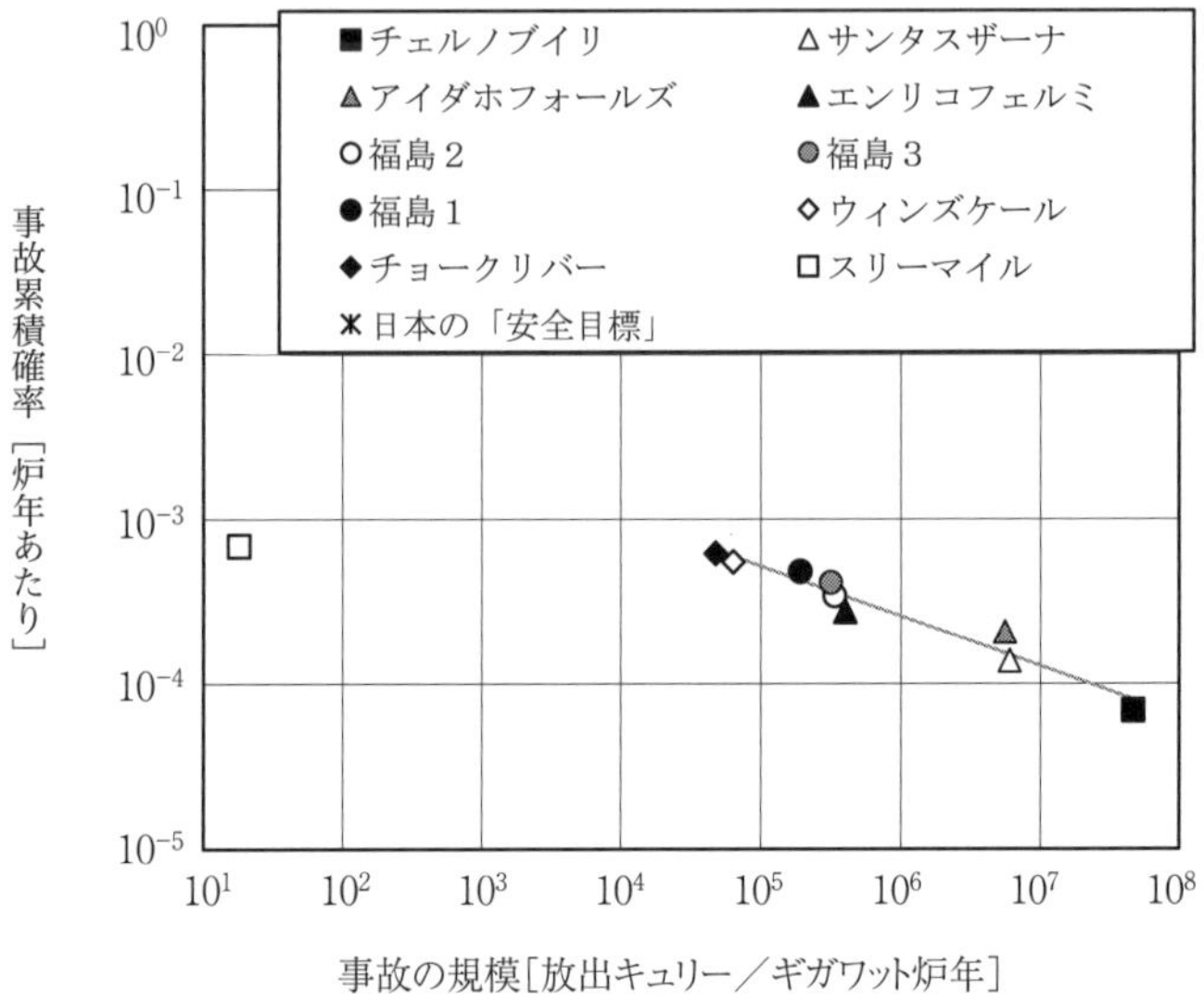

損の確率を組み合わせて推定した計算上の数値である。図3に示すように福島原発事故レベルすなわちセシウムの炉心内蔵量の一％前後が放出される事故は一〇のマイナス六乗すなわち一〇〇万炉年（一基の炉が一年運転する時間・定期点検などによる休止時間は除かれる）に一回あるいはそれ以下の確率と予測されていた。[注18]

ところが実際は、日本についてみれば福島原発事故前までの原子炉運転年数の累積が一四二三年に対して三炉で破滅的事故が発生しているから、確率であらわせば約五〇〇〇年に一回に相当し、机上の想定よりも実態は三桁以上も大きかったことになる。

一方で福島原発事故以前に、大量の放射性物質の放出を伴う事故が海外で何件か発生している。その実績を整理すると、図4のように、スリーマイル島事故を例外として福島原発事故もその延長線上に乗っており特殊な条件下の事故ではなく、起こるべくして起きた事故と言えよう。[注19]「一〇〇万年に一回」という数値は、原子力の危険性を隠蔽するための宣伝とともに、それ以上に原子力推進者がみずからの不安から逃避するために編み出した説明であると言えよう。

事故は現場で起きる

刑事ドラマで「事件は会議室で起きてるんじゃない！　現場で起きてるんだ！」という名台詞が知られているが、[注20]筆者の経験からもプラントの施工についても全く同様である。かりに設計や計算に誤りがなくても、現場の現物がその通りに施工されているという保証は全くない。実際の工事は設計者がみずから担当するわけではなく分業体制で施工業者が実施し、さらにいえば実際に作業するのは下請け作業員である。設計者は設計どおり施工されるものと思っているが、現場の作業員は設計者の意図や理論は知らないので誤った作業でも気がつかない。また施工途中でチェックする機能も万全ではない。

福島第一原発の廃炉作業に作業員として潜入取材した週刊誌記者の報告によると「作業員を対象とした原発の入所教育で企業コンプライアンスを問う問題がでたとき、作業員の多くは不正解の〈間違っていても上司の言うことは聞かなくてはいけない〉にマルをつけ、東電の講師を嘆かせたことがあった。それだけ厳しいタテ社会がここにある。狭く囲われた中で常に上や周りを見ながら仕事をしていく姿は、原子力村を象徴しているようだ[注21]」という。

これは廃炉作業の事例であるが建設時や補修時でも変わりない。多くの工業用の機器は、構造が左右あるいは上下対称に作られていることが多く、一八〇度反対でも気づかずに組み立てられることがある。ある化学プラントではこのために制御の動作が逆になって発電用タービンが暴走し爆発事故を起こした。現場はあたかも空襲を受けたような惨状だった。また地震計と連動させて一定の震度で装置を自動停止するシステムを設けていたところ、地震計を取り付ける際に梱包資材を外さずに取り付けたため、いくら揺れても動作しない状態になっていた例がある。これは途中で気づいて笑い話で済んだ。

二〇二〇年一月一三日に四国電力が伊方原発三号機のプルトニウム・ウラン混合酸化物（MOX）燃料の取出しを行った際、制御棒の一部が一緒に原子炉から引き抜かれたことが判明した。[注22] 類似の事故としては、一九九九年六月一八日に北陸電力志賀原発で、定期点検中にバルブの設定の誤りから予期せず制御棒が引き抜かれて臨界が発生し、さらに異常を検知して緊急停止信号が発信されたが点検中のため緊急停止システムが動かない状態になっていた。[注23]伊方原発ではさらに二〇二〇年一月二〇日と二五日にも別のトラブルが発生した。[注24]予め想定されるトラブルに対するマニュアル等は整備されていても、点検・補修・部分的な試験など例外的な状態では思いがけないトラブルが起きる。原発のプラントは多数の機器から構成されているため、運転中でも常に部分的な点検や補修が行われているが、それらもトラブルの元になりやすい。前述の米国スリーマイル島原発事故もまさに同じパターンであった。

二〇一八年一一月には、停止中ではあるが東京電力柏崎刈羽原発で電気ケーブル火災が発生した。発端はケーブルの保護のために巻いてある外装材の劣化からショートによる発火と推定された。[注25]さらに出火場所の特定に手間取っているうち自然鎮火して火災は収束した。着工から数十年も経過した既存の設備では、多くの変更を経て図面の更新もされず担当者も退職しているなど、どこに何が、どういう状態で存在しているか管理ができていないケースが少なくない。筆者の業界ではプラントの既存の設備の現状を調べることを「考古学」と称して、電気ケーブルではどこに何が埋設されているかを調べる「試掘」という工程があった。

単純ミスとしては、設備の点検の際に容器の中に懐中電灯を置き忘れ、そのまま運転を再開した例がある。電灯部分の「傘」が容器の出口に嵌《はま》って漏斗状になり流れを阻害したが、完全に塞がっていないためしばらくは運転できた。しかし所定の性能が出ないという疑問から点検してようやく気づいた例がある。こうしたミスが「原発では起きない」という保証は全くない。福島第一原発の廃炉作業現場で、研修に来ていたと思われる東電の新入社員がAPD（個人の被ばく線量を記録する携帯用線量計）を紛失した事件が発生している。[注26] 最終的に発見されず、使用済みの作業服に混じって廃棄されたと推定されたが、いかに建前で厳密な管理を定めていても、このようなトラブルは頻繁に発生している。

東日本大震災から九年間停止している東海第二原発では、運転員の二割が実際の運転経験がない、原子炉内の核燃料の位置を示すデータが四〇年以上にわたり誤っていたことが発覚する（二〇一八年）などのトラブルが指摘されている。[注27]

地震列島に浮かぶ核施設

図5は気象庁のデータ等から、一九二三年以降に数値データとして記録されているM（マグニチュード）7以上の震央（震源の真上の地表位置）を示したものである。[注28] また原発ほか核関連施設の位置を▲で示す。Mの値が同じでも震源の深さによって地上での震度が異なるため、M値だけでは被害と正確に関連づけられないが、M7級になれば地上で大きな被害をもたら

図5　1923年以降のM７以上の震央と核施設の位置

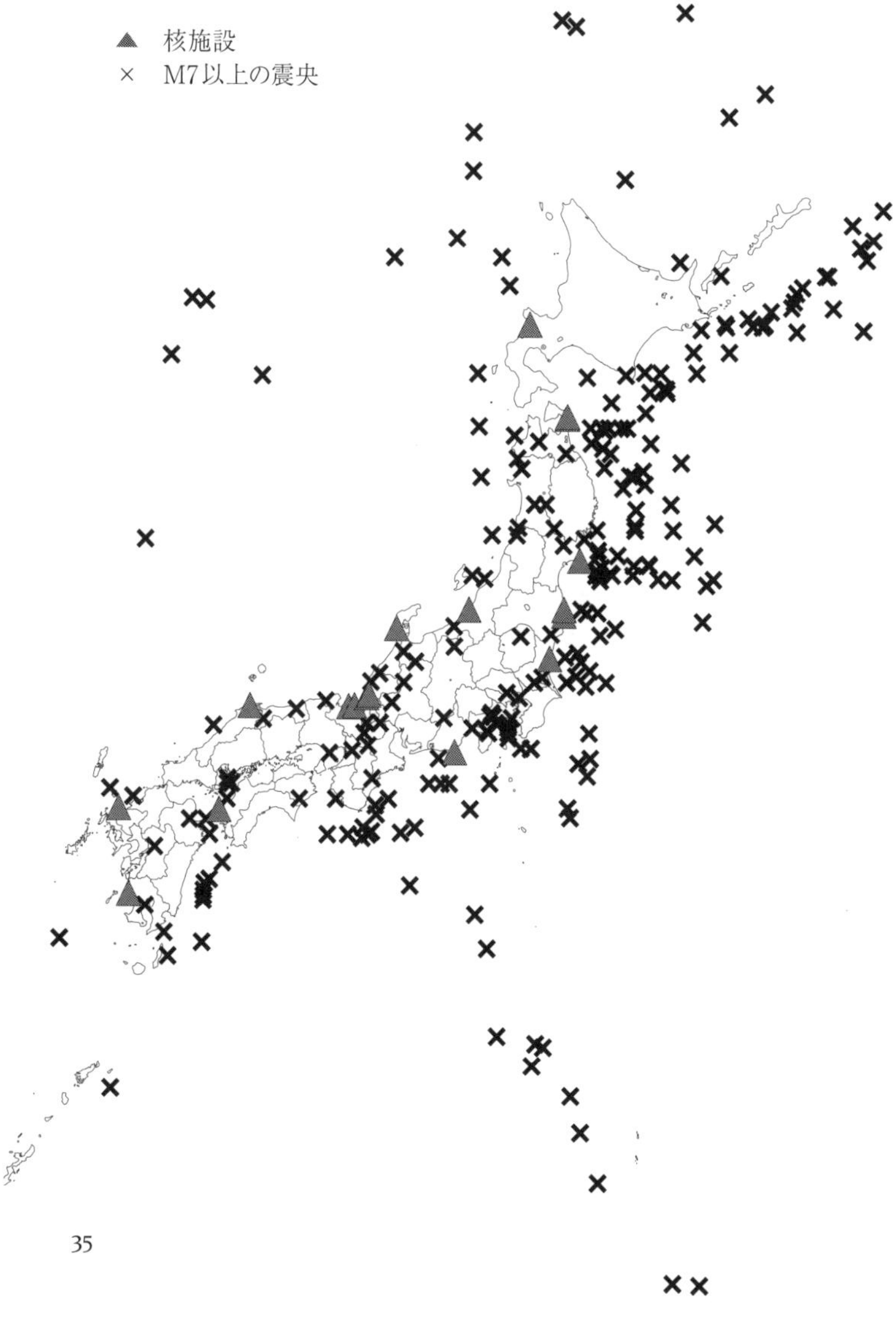

す可能性が高く、震源が海底であれば大きな津波が発生する可能性がある。

これでも過去一〇〇年の記録のみであり、それ以前にも無数の大地震の記録があることは周知の事実である。加えて原発の近くには多くの活火山と活断層（将来も地震を起こす可能性がある）が存在する。このリスクは福島事故以前と何も変わっていない。また核施設だけではなく、避難経路となる道路が被害を受けたり、避難に際して必要となる避難所・避難退域時検査所（放射性物質が人や車両に付着しているかどうかを測定し、基準値を超えた場合には簡易除染を行う施設）なども地震の影響を受けて機能しなくなる可能性もある。

「新安全神話」の下での避難計画

二〇一九年一一月に規制委員会の更田豊志委員長は「どんなに備えても事故はあるものとして考える」「規制当局に安全ですよと言ってほしい人たちがいることは承知しているが、安全であるというようなことは絶対に申し上げない」と述べている。[注29] これは同月に茨城県東海村の山田修村長が原子力業界誌の対談[注30]で日本原子力発電東海第二原発の再稼働を推奨し、その中で原子力規制庁が安全を明言しない姿勢に不満を表明したことに対する反応である。山田村長の論点はいくつかあるが、避難に関する部分を抜粋すると福島原発事故で指摘された

「安全神話」がそのまま復活した印象を受ける。

「新規制基準によって安全対策が多重にできたので福島のような事故は起こらない」

「ＵＰＺ〔注・原発から五〜三〇㎞圏内〕（東海第二に関しては九四万人）の全員避難は、よほど事象が進展しないと起こらず、新規制基準でその前に事故を収束できる」

「安全性が向上し放射性物質の拡散は抑制されるので避難には時間の余裕がある」

「原子力災害対策指針で最悪の事態を想定する前提になっているため思考停止になってしまう。発電所の安全対策と避難計画が別建てになっているのは不都合である」

「ＵＰＺはまずは屋内退避であり、事象の進展に応じて段階的避難となるが、時間の余裕があるので住民が冷静に行動すれば避難できる。内閣府にはこの趣旨を住民に伝えるべきである」

などである。しかしこれらの認識には多くの誤解が積み重なっており、実態のない「新安全神話」に基づく議論である。例えば「原子力災害対策指針で最悪の事態を想定する前提になっている」との認識は明らかに誤りである。ＵＰＺが屋内退避でよいとされたのは、放射性物質の放出量を福島原発事故の約一〇〇分の一（セシウムとして）に引き下げてしまったからであり、最悪想定どころか根拠のない楽観に基づいている。国はもとより誰も責任を持っていないのに「新安全神話」が蔓延を始めている。

再稼働の現状と次の大惨事

二〇一五年八月の九州電力川内一号機を皮切りに、これまで九基が再稼働（二〇二〇年一月時点・一部定期点検や特重施設未整備のため停止中あり）した。[注31] 一方で東京電力福島第一原発の六基と、ほとんど稼働しなかった高速増殖炉「もんじゅ」の廃炉が確定している。他に各社の一四基は申請をしておらず事実上の再稼働断念とみられる。ただし未申請あるいは廃炉であっても、使用済燃料が建屋内（沸騰水型では燃料プール、加圧水型では燃料ピット）に貯留されている間は、原発災害のリスクは依然として低減されない。次の大惨事はどこで起きるか、起きたとすればどのような影響が生じるだろうか。

現在の科学的知見からは、いつ・どこで・どのような規模で地震が発生するかを予測することは困難とされているが、[注32] 稼働中あるいは稼働の可能性がある原発の中で最古の東海第二発電所（茨城県・日本原子力発電）ではないだろうか。東京都庁を基準とすれば福島第一原発が直線距離で二三〇㎞に対して、東海第二は一二〇㎞の位置にある。特に東海第二でリスク

図6　「指針」による避難あるいは一時移転に相当する範囲

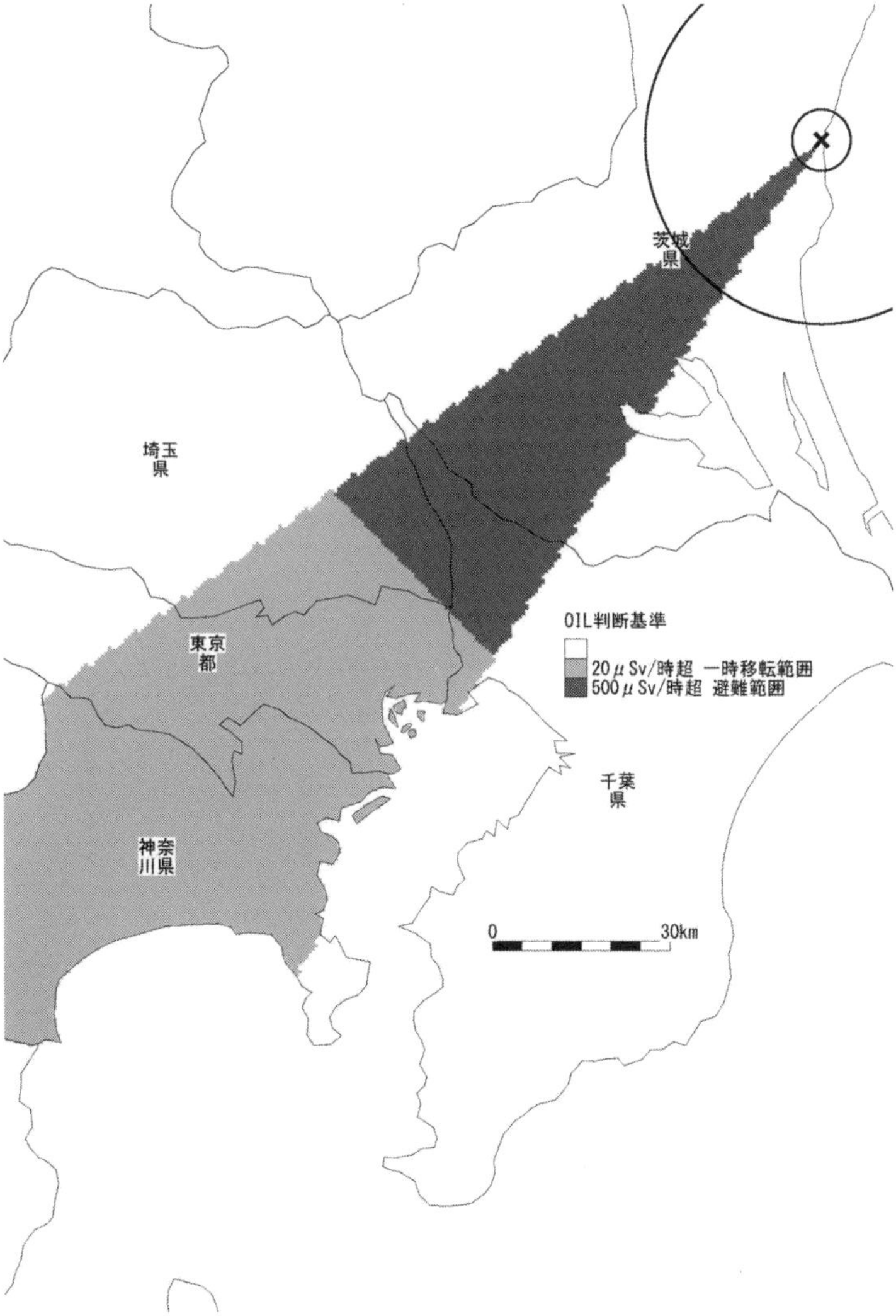

が高い点は、すぐ近くに使用済核燃料の再処理施設（日本原子力研究開発機構）の再処理施設があり、セシウム137だけでも通常の原子炉の数基分の放射性物質が不安定な状態で貯留されていることである。かりに東海第二の緊急事態から派生して同施設の制御もできなくなれば、双方が複合して途方もない被害に発展する。

筆者は各地の原発に関して避難計画の再評価を順次行っているが、すべての原発に対して本書で内容を紹介することは困難なので、本書では主に東海第二原発および一部は女川原発を事例として述べる。ただし全国いずれの原発でも共通の問題が指摘されるので、地域の実情に置き換えて考えていただきたい。

東海第二原発の緊急事態

東海第二原発から放射性物質の放出があった場合の影響に関しては福島原発事故前から既に指摘されていたが、[注33]改めてシミュレーションを試みた。計算方法は大気汚染物質の拡散計算として広く用いられているパスキルの方法[注34]を基にしている。パスキルの方法を放射性物質の拡散（それに起因する被ばく）に適用する具体的な手法は、瀬尾健らにより整理されたもの[注35]である。その際に用いられる各種の係数や基礎数値等はラスムッセン報告・WASH1400

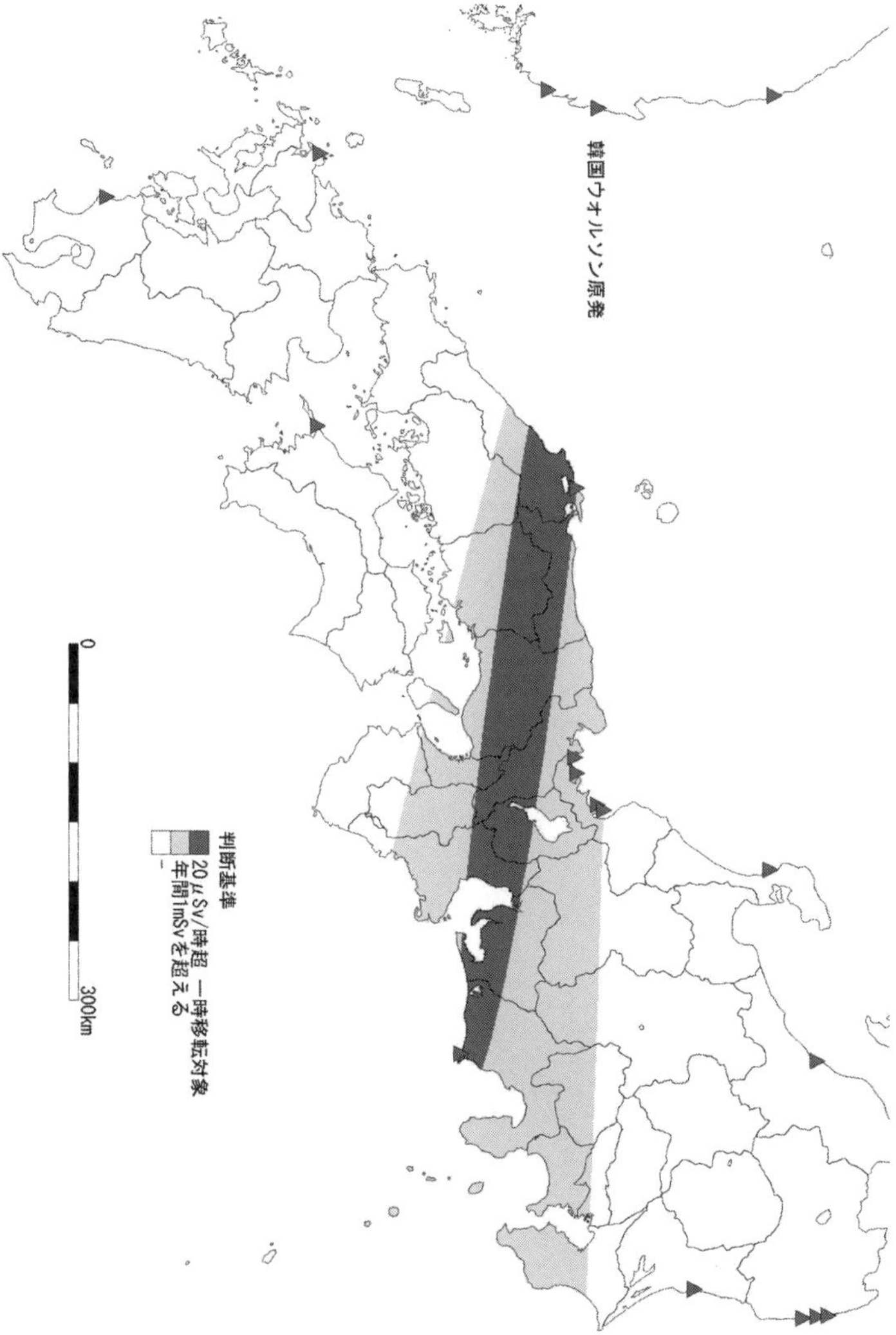

図7　韓国ウォルソン原発の事故による日本への影響

0や「発電用原子炉施設の安全解析に関する気象指針について」[注36]に準拠している。その結果の重大性は発電事業者あるいは国も当然認識しているはずである。

シミュレーションの結果、東海第二原発で「中規模の事故」が発生した場合、図6のように茨城県はもとより東京都・神奈川県までも避難あるいは一時移転対象となるレベルの放射性物質の拡散が予想される。パスキルの方法では地形の影響を考慮できない欠点があり、また風速や風向のゆらぎがあるので実際には図にみられるような幾何学的な扇型にはならないと考えられるが、目安としては利用できる。「中規模」の事故のシナリオについては巻末資料1を参照していただきたい。このほか筆者は各地の原発について同様に試算を進めているが紙面の制約から本書では割愛する。

なお東アジアには多くの商用原発があり、これらの事故の可能性も無視できない。たとえば韓国の月城（ウォルソン）原発で中程度の事故が起きた場合、気象条件によっては図7のように中国・京阪神・東海の広範囲にかけて、「指針」では一週間以内に一時移転の対象となる二〇mSv／時の線量率に達する可能性がある。また避難対象とならない範囲でも、一般公衆の被ばく限度である年間一mSvを超える区域が広範囲に出現する。月城原発は実施例の少ないCANDU形式[注37]であり、たびたびトラブルを起こしている。現在の日本の避難計画は海外の原子炉からの放射性物質の飛来を想定していないが、避難あるいは一時移転の対象となるリスクは存在する。

脚注

注1　山崎俊雄・木本忠昭『電気の技術史』オーム社、一九七六年。

注2　同二三三頁。キュ―リ（キュリー）とは一九七四年まで使用されていた放射性物質の崩壊個数をあらわす単位で、現在はBq（ベクレル）が使用される。一キュリーは三七〇億Bqにあたる。

注3　同二八一頁。

注4　「原子力五〇年（第二回・森一久インタビュー）」（社）エネルギー・情報工学研究会議『ＥＩＴ Ｊｏｕｒｎａｌ』五六号、二〇〇七年一一月号、一一頁。https://www2.yukawa.kyoto-u.ac.jp/~yhal.oj/Mori/Mori1Q/Reports06/IMG_0041.pdf

注5　平成二九（ネ）第二六二〇号損害賠償請求控訴事件・国側第八準備書面、二〇一九年九月一一日、二七頁。原子力損害賠償群馬弁護団ウェブサイトより。https://gunmagenpatsu.bengodan.jp/

注6　東京電力（株）「福島第一原子力発電所事故における放射性物質の大気中への放出量の推定について」二〇一二年五月。http://www.tepco.co.jp/cc/press/betu12_j/images/120524j0105.pdf

注7　前出・注6。

注8　日本原子力文化財団「原子力・エネルギー図面集」各原子力発電所の使用済燃料の貯蔵量（電気事業連合会資料）より推定した。厳密には個々の燃料棒の燃焼度（使用経過）により異なるが詳細は公開されていないので概略の推定である。https://www.ene100.jp/zumen/7-7-1

注9　『福島原発事故独立検証委員会調査・検証報告書』二〇一二年三月、八九頁。

注10　石川和男「世界水準から大幅乖離、過酷さ増す日本の原子力規制」ＪＢｐｒｅｓｓ、二〇一九年八月二日。https://jbpress.ismedia.jp/articles/-/57193
注11　石川和男「対話不十分、大きな禍根」『電気新聞』二〇一九年四月。
注12　日本原子力文化財団「原子力・エネルギー図面集」各原子力発電所の使用済燃料の貯蔵量（電気事業連合会資料より）。https://www.ene100.jp/zumen/7-7-1
注13　安全保障調査会『日本の安全保障一九六八年版』「わが国の核兵器生産潜在能力」朝雲新聞社。
注14　上岡直見『Ｊアラートとは何か』緑風出版、二〇一八年。
注15　衆議院平成二十七年九月九日提出質問第四一四号「我が国の発電用原子炉に係る新規制基準に関する質問主意書」。http://www.shugiin.go.jp/internet/itdb_shitsumon.nsf/html/shitsumon/a189414.htm
注16　原子力市民委員会特別レポート５『原発の安全基準はどうあるべきか』二〇一七年一二月。http://www.ccnejapan.com/CCNE_specialreport5.pdf15
注17　木村俊雄「福島第一原発は津波の前に壊れた」『文藝春秋』二〇一九年九月、一七〇頁。
注18　原子力発電・核燃料サイクル技術等検討小委員会（第三回）・資料第二号、二〇一一年一〇月二五日より抜粋。
注19　Ichizo Aoki, Shigeaki Ogibayashi "Probability of Nuclear Power Plant Accidents with respect to Radioactive Fallout", Journal of the Society of Multi-Disciplinary Knowledge, 2015, p.1
注20　「踊る大捜査線　ＴＨＥ　ＭＯＶＩＥ３　ヤツらを解放せよ！」フジテレビジョン制作・東宝（株）配給、二〇一〇年七月。
注21　小川進・桐島瞬『福島原発事故の謎を解く』緑風出版、二〇一九年、八六頁（桐島瞬担当）。

注22　毎日新聞「制御棒一体を引き抜くミス　伊方原発三号機で　燃料取り出し準備作業中に」二〇二〇年一月一二日。
注23　北陸電力「志賀原子力発電所一号機　第五回定期検査期間中に発生した原子炉緊急停止について」。http://www.rikuden.co.jp/press/attach/07031501.pdf
注24　毎日新聞「伊方原発三号機、定期検査中にまたトラブル　燃料集合体がラック枠に接触」二〇二〇年一月二〇日、「伊方原発、定期検査中に一時停電」同一月二五日。
注25　東京電力ホールディングス「柏崎刈羽原子力発電所荒浜側洞道内ケーブル火災の原因と対策について」二〇一九年一月二八日。http://www.tepco.co.jp/kk-np/data/press/pdf/2018/31012801p.pdf
注26　前出・注21、一五一頁。
注27　東京新聞「停止から間もなく九年の東海第二　新たなリスク　運転未経験者が二割」二〇二〇年一月三一日。
注28　気象庁地震カタログ「震源データ」および「世界の被害地震の表」（宇津徳治作成のデータをウェブで公開したもの）。https://iisee.kenken.go.jp/utsu/https://www.data.jma.go.jp/svd/eqev/data/bulletin/hypo.html
注29　原子力規制委員会記者会見録（二〇一九年一一月三日）。https://www.nsr.go.jp/data/000290716.pdf
注30　「BWRの再稼働　困難あり、便法あり、希望あり」『Energy for the Future』二〇一九年第四号、一二頁。
注31　電気事業連合会「国内の原子力発電所の再稼動に向けた対応状況」。https://www.fepc.or.jp/

theme/re-operation/

注32　気象庁ウェブサイト「地震予知について」。https://www.jma.go.jp/jma/kishou/know/faq/faq24.html#yochi_7

注33　『これから起こる原発事故（改訂版）』宝島社、二〇〇七年。

注34　パスキルの方法とは、発生源からの汚染物質が正規分布に従って拡散すると仮定して、大気中および地上の汚染物質の濃度を推定する方法。工場の排煙や自動車排気ガスの汚染濃度の推計に広く用いられるが、放射性物質の検討にも適用できる。

注35　「第六八回原子力安全問題ゼミ資料」一九九七年八月二九日開催。今中哲二「SEO原発事故災害評価プログラムにおける放射能の拡散・沈着〝被曝線量〟リスクモデル」。http://www.rri.kyoto-u.ac.jp/NSRG/seminar/No68/Imnk68.html

小出裕章・瀬尾健「原子力施設の破局事故についての災害評価手法」。http://www.rri.kyoto-u.ac.jp/NSRG/seminar/No68/kid9708.html

注36　文部科学省「発電用原子炉施設の安全解析に関する気象指針について」。http://www.mext.go.jp/b_menu/hakusho/nc/t19820128001/t19820128001.html

注37　減速材・熱媒体として重水（トリチウム水）を用い、熱交換器で蒸気を発生させてタービンを回す形式。

2 避難と被ばく

被ばく管理に関する整理

福島原発事故を契機に放射線に対する市民の関心が高まり、「一般公衆に対する放射線の被ばく許容限度が年間一mSv（ミリシーベルト）」の数値が広く知られるようになった。この限度は法的な根拠を有する数値であり、事故以後も変更されていない。ところが国と福島県は「除染」が進展したとして、年間二〇mSv以下の地域では避難区域の指定を順次解除している。これは何を根拠としているのだろうか。

その他にもさまざまな数値が提示されるとともに、同じ数値に対しても異なる見解（緩すぎる、あるいは不要など）が示されるため、ときに誤解も生じている。甚だしい例としては、二〇一六年二月に丸川珠代環境大臣（当時）が「年一mSvという除染の長期目標には科学的根拠もない」と発言し、後に撤回・謝罪に追い込まれた事件がある。こうした状況から、避難を考えるに際して被ばく管理の概要について現状を整理しておきたい。なお管理の対象は、①一般公衆、②職業従事者、③医療被ばくの三つの分野があるが、本書は住民の立場から避難を考える趣旨であるため一般公衆の分野を取り上げる。

平常時の一般公衆に対する被ばく限度である「年間一mSv」は、ＩＣＲＰ（国際放射線防護委員会）の一九九〇年勧告による数値であるが、ＩＣＲＰは研究団体であり、勧告といっても日本国内での法的な効力はない。これに対して法的な効力を付与した過程は「放射線審議会」の意見具申である。「放射線障害防止の技術的基準に関する法律」により、放射線に関する基準を定める場合には「放射線審議会」に諮問することが規定されている。審議会の所管は数値の制定当時は文部科学省、現在は原子力規制庁である。審議会が検討した結果はパブリックコメントを経て意見具申として関係省庁に提出され、これに基づいて法令の改正・告示等を経て公示された基準が「年間一mSv」である。なおＩＣＲＰは二〇〇七年に勧告を改訂し、これを国内法令に反映する作業中に福島原発事故が発生した。ただし「年間一mSv」は変わっていない。

一方で平常時といえども年間一mSvの基準自体が妥当かどうかについての議論がある。この数値は空間線量率の測定から推定される外部被ばく（体の外側から受ける照射）のみの評価であり、内部被ばく（呼吸や飲食を通じて体内に取り込まれる放射性物質）の影響は考慮されていない。外部被ばくと内部被ばくでは、影響を受ける体の部位（臓器）により影響が大きく異なる。このため年間一mSvの基準だけでは人間の健康影響に対するリスクが著しく過小評価になっているとの指摘がある。[注1]

福島原発事故前には、放射性物質の放出は、あるとしても放出量や範囲が小規模な状況しか想定されていなかった。ところが現実に大量の放射性物質が放出されるとともに、セシウムなど長期にわたり放射線を発生する放射性物質が広範囲に残留した状態が続いている。このため「緊急時（放射性物質が放出されつつある状態）の被ばく」と「復旧時（放出は収束したが平常時よりも被ばくが大きい状態）の被ばく」を考慮せざるをえなくなった。

これらはＩＣＲＰを参照して「参考レベル」という基準が設けられている。「緊急時」は年間二〇～一〇〇mSv、「復旧時（現在に相当）」は年間一～二〇mSvである。「参考レベル」で数値に幅があるのは、平常時とは異なり時間経過とともに状況や対策が変化してゆく可能性があり、特定の数値をあらかじめ決められないという背景による。しかしこの「参考レベル」には法的な根拠がない。[注2] 単に「ＩＣＲＰがこのように言っている」という説明のみである。いわば実態に合わせて脱法的に基準のほうを緩めた形であるが、平常時の被ばく量より多くなるのであるからそれに応じてリスクが高まることは確実である。このため国は、いかなる文書・説明においても「参考レベルの範囲では安全」とは明言していない。それにもかかわらず避難区域の指定を解除し帰還を推進していることはきわめて無責任である。

その一方で、原子力規制庁が担当する原子力災害時の防護対策（避難や屋内退避）では、ＩＣＲＰとは関係なしに別の基準が採用されている。ＩＡＥＡ（国際原子力機関）の緊急防護措置実施に関する判断基準を参照して、全身について七日で一〇〇mSv、甲状腺について同五〇

表1　一般公衆に対する被ばく管理の基準

一般公衆に対して			避難等の防護措置のめやす
平常時	緊急時	復旧時（現存被ばく状況）	
1mSv／年（法的根拠あり）	20～100mSv／年（「参考レベル」であり法的根拠はない）	1～20mSv／年のうちできるだけ低いレベルをめざす。長期目標は1mSv／年（「参考レベル」であり法的根拠はない）	全身（等価線量）について7日で100mSv、甲状腺（実効線量）について同50mSv（法的根拠はない）

mSvを超えるかどうかを目安としている。[注3]「七日」というのは汚染地域から退去するまでに一定の日時を要すると想定しているためである。

この数値はＩＣＲＰと比較すると格段に緩い基準であり「緊急時には原発周辺の住民は被ばくしてもやむをえない」という前提での防護対策である。これは基本的に原子力推進の立場を採るＩＡＥＡの性格を反映した結果である。この数値も国内法に基づく根拠はなく「ＩＡＥＡがこのように言っている」という説明のみである。

このため規制庁および国のいかなる組織もこの基準で安全とは言っていない。被ばく管理についても、第1章で指摘したように、日本で自主的に検討した結果ではなく、外国の基準の横滑りで適用したものであり、その時々と場面の都合で異なった基準が用いられている。このように混乱した状況ではあるが、参考までに一般公衆に対する被ばく管理の数値の一覧を表1に示す。

現在の避難政策

福島事故前の防災指針では、「緊急時計画区域（EPZ）」として防災計画を重点的に充実すべき地域が八〜一〇km圏内として定められていたが、これは計画を定める地域の範囲であって、住民の一斉避難を想定したものではなかった。避難区域の決め方は、ERSS（緊急時対策支援システム）やSPEEDI（緊急時環境線量情報予測システム）等のシミュレーションで放射性物質の拡散を予測した結果に基づくとされていた。また放射性物質の放出といっても、人為的に開始・終了がコントロールできる「ベント」程度の想定にとどまっていた。このため具体的な避難行動の司令塔となるべきオフサイトセンターすら、全国の多くのサイトでは原発から一〇km以内に設置（福島オフサイトセンターは福島第一原発から五km）されるなど緊急時には機能しない欠陥を残したままとなっていた。福島原発事故前の原子力防災に関する資料では、住民を輸送する車両が確保されることになっているので移動に自家用車は使わないようにとの記述がみられる。[注4] 事故前には被害規模をいかに過小評価していたかがこうした記述からも読み取れる。

しかし福島原発事故では「五重の壁」とされていた圧力容器・格納容器が次々と将棋倒し

表2　防護対策の考え方

	PAZ（原発からおおむね5km）	UPZ（原発からおおむね5～30km圏内）
放射性物質の放出前		
［警戒事態］原子炉への給水機能や冷却機能が喪失、使用済燃料プールの水位低下、震度六弱以上の地震・大津波警報など。	住民防護のための準備開始	（「指針」に記述はないが、情報収集、住民防護のための準備が開始されると思われる）
［施設敷地緊急事態］原子炉の冷却ができない状態が継続すること、使用済燃料プールの水位が維持できない、「十条通報[注6]」に該当する放射線量の検出など。	住民の避難準備、要支援者の避難など	
［全面緊急事態］原子炉への注水ができず、かつ全ての非常用電源が使用できない、使用済燃料プールの水位が維持できない、「十五条通報」に該当する放射線量の検出など。	PAZ内の住民避難、状況により安定ヨウ素剤服用（数時間以内）など。	原則として屋内退避の実施、緊急時モニタリングの実施など。
（PAZは放射性物質放出前に事前避難）	放射性物質の放出後（UPZに対する緊急防護措置）	
	［緊急時モニタリング］空間線量率が500μSv／時を超えた場合（OIL1）	数時間内を目途に区域を特定し1日以内に避難（移動が困難な住民は屋内退避）等を実施。
	［緊急時モニタリング］空間線量率が20μSv／時を超えた場合（OIL2）	1日内を目途に区域を特定し1週間程度内に一時移転を実施、地域生産物の摂取を制限

になり、最後の壁のはずの建屋まで吹き飛ぶ破滅的事態に至った。また東日本大震災の津波の影響を受けた原発のうち女川原子力発電所については、原発自体は全面緊急事態を回避したものの、オフサイトセンターが津波によって一瞬のうちに機能を消失した。

福島原発事故を経て、より深刻な条件を想定する必要性が認識され二〇一二年一〇月に原子力災害対策指針（以下「指針」）が制定された。[注5] このときPAZ（Precautionary Action Zone・予防的防護措置を準備する区域・原発からおおむね五㎞圏内）・UPZ（Urgent Protective Action Planning Zone・緊急防護措置を準備する区域・原発からおおむね五〜三〇㎞圏内）・PPA（Plume Protection Planning Area・UPZ外であっても汚染大気塊による被ばくを避けるための防護措置を実施する区域）の考え方が取り入れられた。ただしその後の「指針」の改訂を経て現在はPPAの記述は削除されている。指針は現在までに何度も改訂されているが、防護に関して表2のような考え方となっている。

UPZに対しては、避難等の防護措置の実施を判断する基準としてOIL（Operational Intervention Level・運用上の介入レベル）が定められた。OILは事態の深刻度に応じて1と2の二段階がある。OIL1による「避難」とは、空間線量率等が高い、または高くなるおそれのある地点から速やかに離れるため緊急（おおむね一日以内）で実施する防護活動であり、OIL2による「一時移転」とは緊急の避難が必要な場合と比較して空間放射線量率等は低い地域ではあるが、日常生活を継続した場合の無用の被ばくを低減するため、一定期間（おおむね一週間以内）のうちに当該地域から離れるため実施する防護活動であるとしている。PAZは放射性物質の放出前に避難することになっているが、事故の進展によってはPAZの避難完了前に放射性物質が放出される可能性がある。

またOIL1とOIL2のいずれが、いつ、どこで出現するかは事故のシナリオと気象条件に依存するので、事前にはわからない。福島原発事故の固定モニタリングポストの測定値（後述・図10）からもわかるように、周辺の市町村では全面緊急事態の宣言から二〇時間ほどは空間線量率は平常時と変わらなかったが、ある時に突然OIL1に該当する値が観測された。「指針」ではその場合の対応は記述されていないが、内閣府「原子力災害を想定した避難時間推計　基本的な考え方と手順ガイダンス」[注7]ではそのケースが指摘されている。東海第二原発に関していえば、PAZではおおむね原発から五km圏の同心円内の住民（東海村の全域と日立市・ひたちなか市・那珂市の一部）と、UPZでは日立市・ひたちなか市・那珂市のPAZ以外と、水戸市・常陸太田市・高萩市・笠間市・常陸大宮市など一三市町が対象となる。ただしUPZについては一斉避難ではなく、モニタリングの結果により規制委員会が避難の時機と範囲を決めることとなっている。

例えば水戸市は全域がUPZであるが、数個の小学校区から成る八ブロックに分けて、そ

図8　被ばくのメカニズム

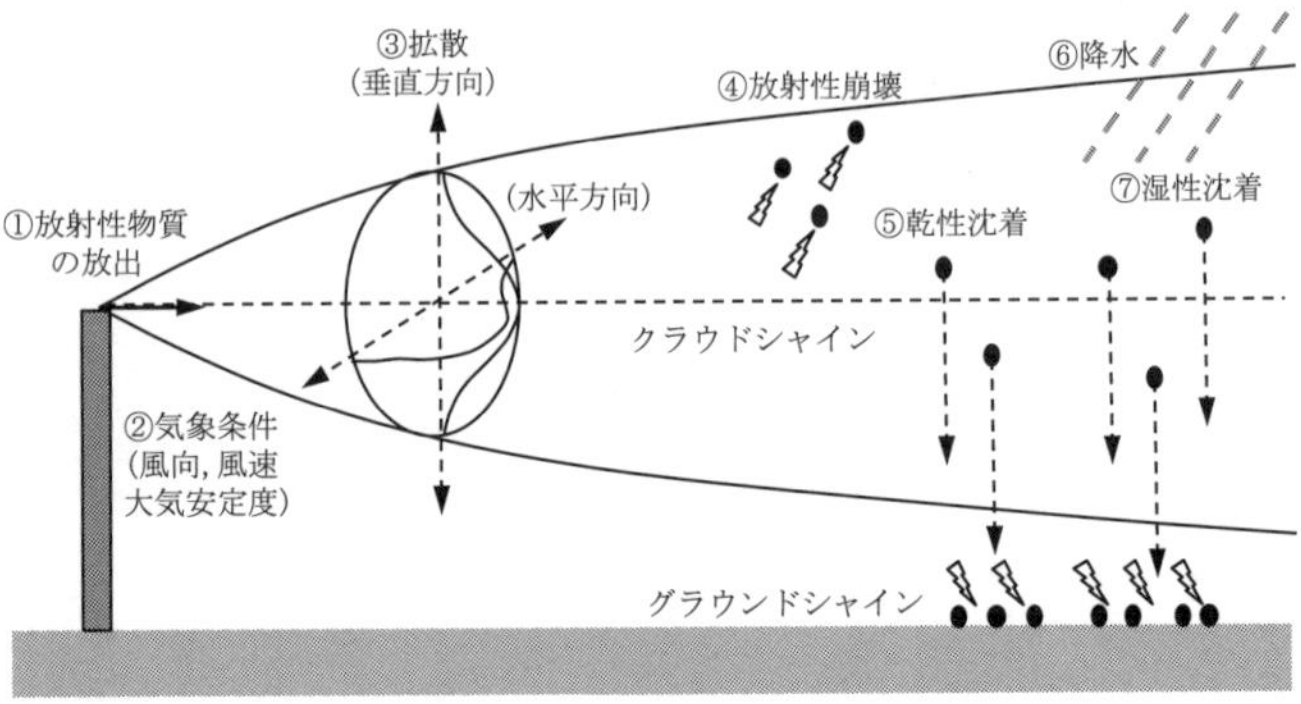

れぞれ避難ルートや避難先等を割り当てている。[注8]これはできるだけ地域のコミュニティがまとまって避難するためである。ただしモニタリングの結果により避難の時機と範囲を決定するのは規制委員会であるため、この資料だけでは実際に動き出す時機と範囲は不明である。また放射性物質は行政境界で止まるわけではないから、ある区域が避難対象（たとえば五〇〇μSv／時を超える）となれば、その周辺の区域でも続けて五〇〇μSv／時あるいは二〇μSv／時超となる可能性が高く、多くの住民が避難することになるであろう。

被ばくの過程

防護対策を考えるには、単に避難（移動）をどうするかの問題ではなく、放射性物質が放出された場合にどのようなメカニズムで人が被ばくするかを整理しておく必要がある。緊急事態に際して放出される放射性物質は、ガス状、粒子状などさまざまな形態で気流に乗って移動する。初期のガス状については屋内退避でやり過ごすことにより、被ばくの軽減があるとされるが、次の段階では粒子状で地上に降下した核種（セシウム１３４、セシウム１３７など）からの被ばくが主となるため、その場に留まる時間に比例して被ばくすることになる。

図８は放射性物質の放出から被ばくに至るまでの概念図である。①は環境中に放射性物質が放出される場所であるが、福島原発事故では建屋爆発という予期しない形で放出された。あるいは事前に圧力を逃がすために排気筒から意図的に放出されることもある。福島原発事故では制御用の電源が失われてベントに通じる弁が開かず苦慮した。放出される高さの違いにより、特に原発の近くでは地上での放射性物質の濃度に大きな違いが生じる。このとき、どのような放射性核種が、いつ、どれだけ出てくるかは事故のシナリオにより異なるが、その情報は、いつ・どのように避難（あるいは屋内退避）すべきかの判断に大きな影響を及ぼす。

放出された放射性物質は、②の気象条件（風向・風速・大気安定度）に従って、③のように次第に薄まりながら垂直方向と水平方向に広がってゆく。風向の中心軸で最も濃度が高く、軸を中心にして裾野が広がるように拡散する。また大気安定度とは垂直方向の大気の混ざりやすさの指標である。たとえば日照によって地上付近の空気が暖められて上昇したときに、それがすぐ止まってしまうか、さらに上昇を続けるかなどの状態の違いを示す。放射性物質の汚染大気塊（クラウド）が風に乗って流れてゆくが、その中にはガス状のもの、粒子（塵）状のものなど多種類の放射性物質（核種）がさまざまな形態で混じっている。ガス状としてはクリプトン・キセノンなど「希ガス」と呼ばれる気体がある。次いで福島原発事故で主な被ばく源として注目された放射性のヨウ素やセシウムがある。セシウム原子の大きさはnm（ナノメートル・一〇億分の一m）の単位であるが、それらの原子が単体で飛んでいるのではなく、溶融した燃料の熱と周囲の雑物（水・金属・がれき等）に触れて多様な化合物や形態になり、さらに建屋の外に出てから別の大きな粒子（空気中の塵など）に乗って移動するなど複雑な形態と考えられる。[注9] 一般的には放出源に近いほど線量率が高く、遠ざかるほど低くなると考えられるが、降水などの気象条件によっては放出源から相対的に遠くてもスポット的に高い線量率が出現する場合もある。

実際のところ福島原発事故では放射性物質がどのような形態で移動していたのか、全体像は今もよくわかっていない。これらの化合物や集合体の大きさは、おおむね㎛（一〇〇万分の一メートル・通称「ミクロン」）の単位の微粒子である。このサイズの粒子は、大気中に舞い上がるとなかなか沈降せず大気と一緒に移動する。近年注目されているスギ花粉やＰＭ２・５

図9　福島原発事故の放射性物質の経時的な放出量推定

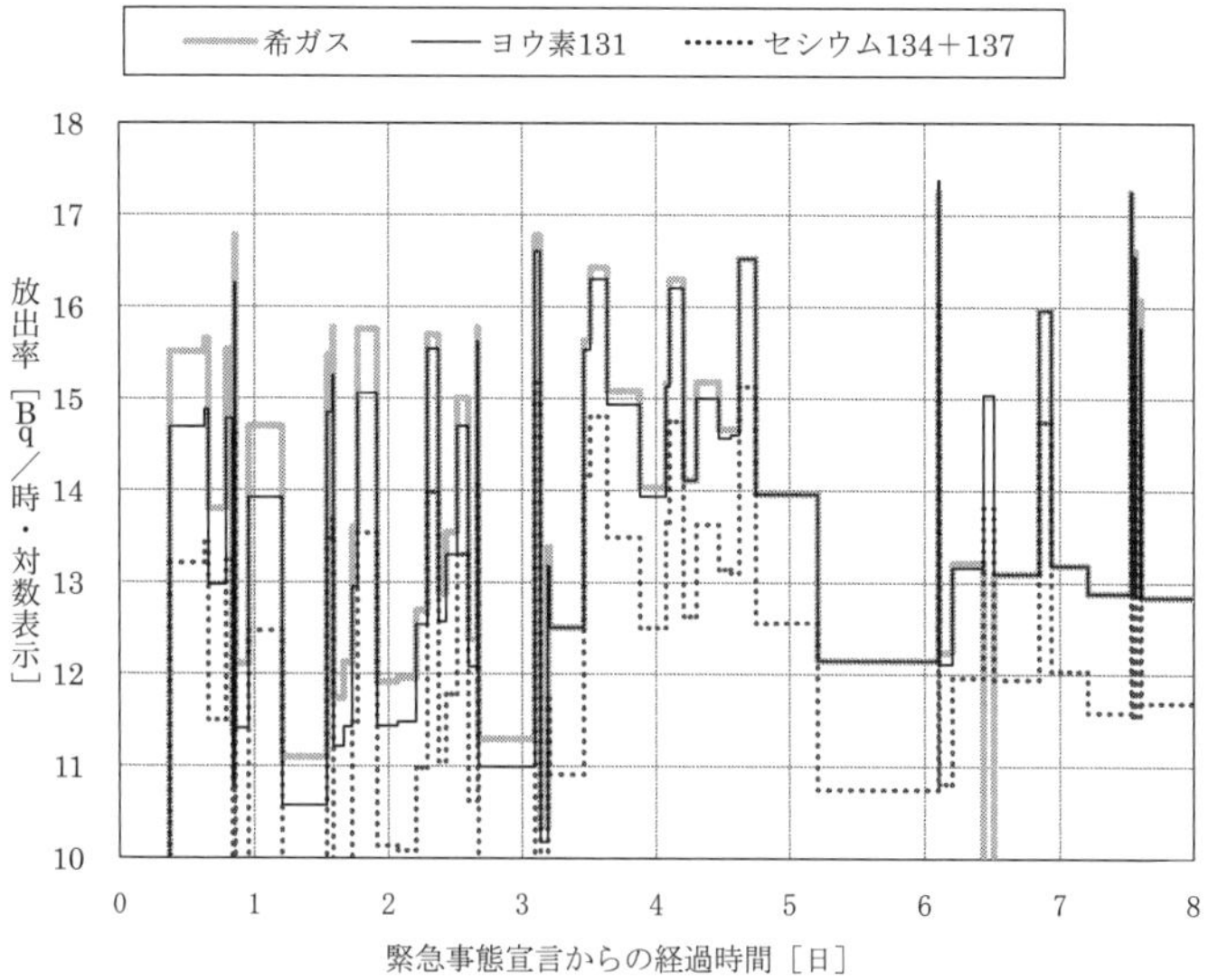

東京電力「福島第一原子力発電所事故における放射性物質の大気中への放出量の推定について」を図表示。
http://www.tepco.co.jp/cc/press/betu12_j/images/120524j0105.pdf

の飛散と同じ現象である。どのような化合物になってもセシウムの核種としての放射能は変わらない一方で、化合物の形態によって水に対する溶けやすさなどの性質の違いを生ずる。これは人体に摂取された場合に体内での吸収・排出の違いや生態系中での動き方の違いにつながる。

「希ガス」やガス状の核種は④のようにクラウドシャイン（汚染大気塊からの放射線）の発生源となる。また粒子状の核種は、空中を移動している間は同じく④のようにクラウドシャインの発生源となるとともに、⑤のように乾性沈着（自重で落ちてくる）あるいは⑥のように湿性沈着（降雨・降雪に付着して落ちてくる）によって地表に降下するとそこでグラウンドシャイン（地表や建物の表面などからの放射）の発生源になる。一般論としては以上のとおりだが、福島原発事故のように建屋が次々と吹き飛んで人為的な介入が不可能となり成り行きに任せざるをえなくなるような事態では、その後の進展の予測は困難である。

こうした拡散計算は、その発展の過程では核戦争と深い関連がある。二〇世紀後半からの東西冷戦時代には、双方で核戦争を真剣に想定していた。米国が広島・長崎に原爆を投下する前には熱線と爆風による破壊力を兵器として利用する意図があったが、広島・長崎の被害の実態から放射性物質による被害が注目されることになった。相手側の核弾頭が投下されたら、あるいは逆に自国の核弾頭を相手側に投下したら、放射性物質によるどのような被害が発生するか重要な検討課題となったからである。[注10] なおこの計算手法は、大気汚染（硫黄酸化物・窒素酸化物・粒子状物質）の検討に対しても全く同じであり、後に環境対策に利用されている。

図9は福島原発事故に際して、希ガス・ヨウ素131・セシウム134および137について、原子力緊急事態宣言（二〇一一年三月一一日・一九時〇三分）からの時間経過とともにどれだけ放出されたかを事後に逆算して推定した値である。[注11] 建屋の爆発やベントによると思わ

れる突発的な放出が何回かみられるとともに、事故の初期はもとより一週間以上を経過してもなお突発的な放出がみられる。格納容器や建屋が大きく損傷し、現場でさえも予期しない時に爆発が発生するなど、事態の進展が予測できない状態であった。

これを周辺自治体の側からみた場合、次のような状況が報告されている。二〇一一年三月一二日・一五時三六分に一号機建屋が爆発する。「福島県双葉町に、空からぼたん雪のようなものがフワリフワリと落ちてくる。大きさは五百円玉サイズから握りこぶしほどまで様々。建屋の保温材の繊維のかたまりのようだった。同町の井戸川克隆町長（当時）の周りには、車いすの高齢者や町社会福祉協議会職員、自衛隊員、警察官ら一〇〇人近くがいた。だれも言葉を発しなかった。井戸川町長が〈なにしてるんだ。なかに入れ〉と外にいる町民に大声で呼びかけた」という。[注12]

関連して問題となるのは安定ヨウ素剤の服用である。原子力規制庁「安定ヨウ素剤の配布・服用に当たって」[注13]によると、放射性ヨウ素にばく露される二四時間前からばく露後二時間までの間に安定ヨウ素剤を服用すれば最も効果（甲状腺への放射性ヨウ素の取り込み防止）が高く、また放射性ヨウ素にばく露された後であっても、八時間以内であれば効果は半減するが有効性がある。しかしばく露後一六時間以降の服用ではその効果はほとんどないと解説されている。すなわち安定ヨウ素剤の事前配布あるいは緊急配布が行われたとしても、適切な

図10　5～30km（現在のUPZ相当）での空間線量率

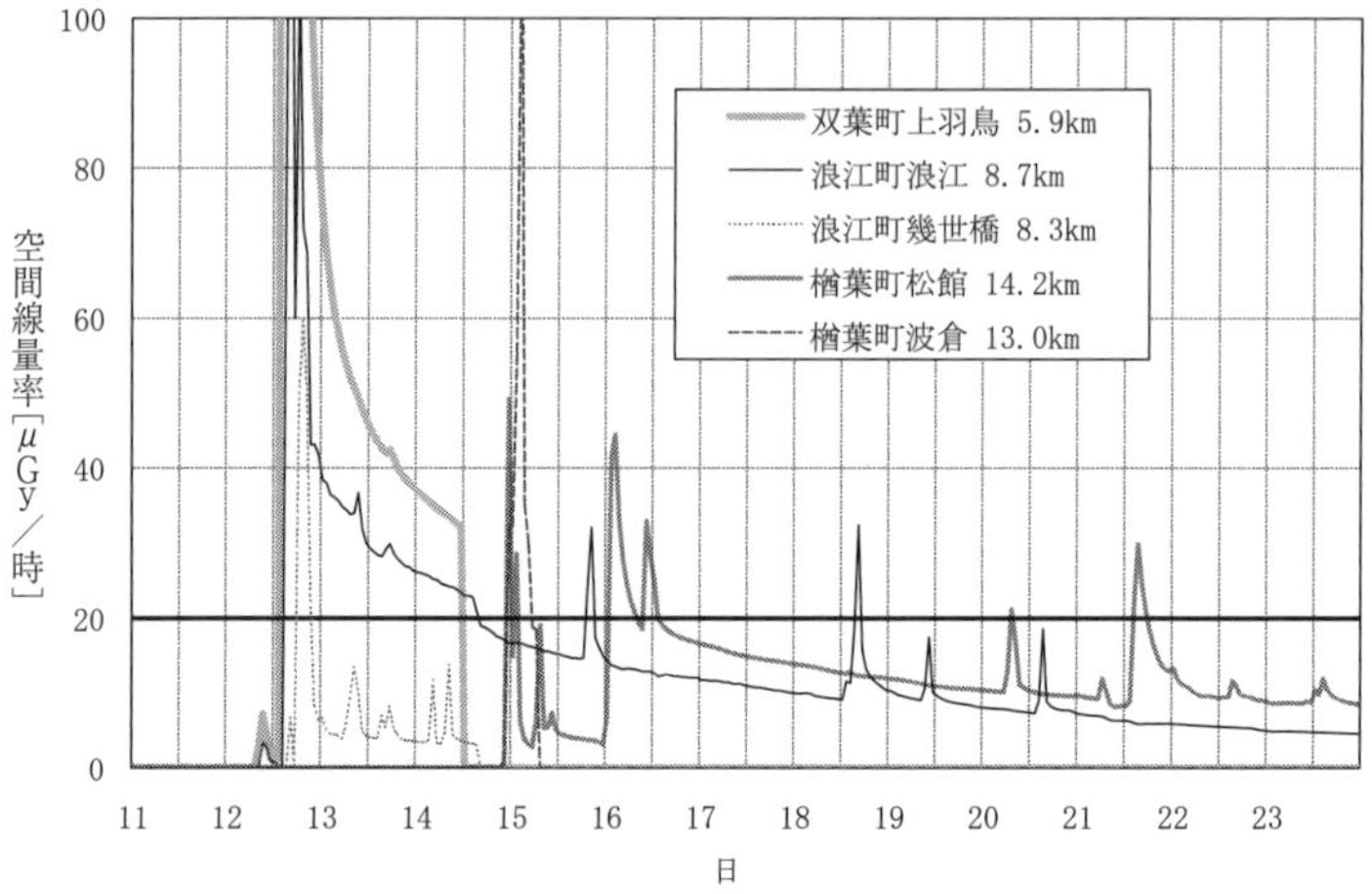

タイミングで服用しなければ効果がない。安定ヨウ素剤は、五km圏（PAZ）には事前配布、五～三〇km圏（UPZ）では緊急配布となっているが、後者に対しても各地で事前配布の要請が示されている。事前配布に越したことはないが、安定ヨウ素剤は、あくまでベントなど人為的に放射性物質の放出がコントロールできる前提の対策であって、福島事故のように格納容器が破損して開口部が生じてコントロール不能になり、いつ放射性ヨウ素が出てくるかわからない状況に至れば対応は困難である。

図9によれば、事故発生後一週間から一〇日経過してもまだ放射性ヨウ素の放出がみられる。かりに初回には適切なタイミングで服用できたとしても一回限りである。それ以降

は屋内退避中あるいは避難途上の住民に対して安定ヨウ素剤の補充・配布は現実に困難であろうし、いつ放射性ヨウ素が再び飛来するかわからないとすれば、安定ヨウ素剤による被ばく低減は期待しにくい。

図10は福島原発事故後一〇日間における五km圏より外（現在のUPZ相当）の各モニタリングポストの空間線量率のデータである。[注14] μGy（マイクログレイ）／時という単位で表示されているが、この場合の環境中での人体への影響は「グレイ」イコール「シーベルト」とみなして換算する。双葉町上羽鳥では五km圏より外であるが、一二日一四時に突然一五〇〇μGy／時（図では目盛から振り切れている）の値が観測されているから、かりに現在の「指針」を適用すれば、屋内退避をしていたとしても避難の対象（前述・OIL1）となる。空間線量率の値では五km圏よりもその外側で最大値が観測されている地点もあり、被ばくを最小化する観点からは、PAZとUPZの単純な区分では評価できない。また事故後一週間から一〇日を経過しても、浪江町浪江と楢葉町松館では二〇μSv／時を超える値が観測されており一時移転の対象（同・OIL2）となる。

住民の立場からみると、屋内退避で一週間から一〇日間を耐えて次第に収束に向かうことを期待しながら一転して避難や一時移転の対象となるのでは、むしろ身体的・心理的ダメージが大きいのではないか。

「三〇㎞」は安全距離ではない

各原発の立地道府県・市町村では避難計画が策定され訓練も行われているが、本来の「被ばくを避ける（少なくとも最小限にする）」観点では実効性が確認された例はない。避難計画の基礎は福島事故後の二〇一二年一〇月に原子力規制庁が制定した「指針」であるが、「指針」は改訂を経るたびに内容が後退し「できるだけ住民を逃がさない」方針に変質している。

前述のようにこの「指針」は、日本の原子力の導入期から続く「科学的説明抜きでくるくると変更」「外国の基準に合せて逆算して放出量をかってに推測」と類似した性格を残しており、周辺住民の被ばくを避ける（最小限にする）という原則に基づいていない。もともとこの「指針」に対しては、緊急時には住民の被ばくはやむをえないとする前提に立っている点で批判されているが、それでも当初は福島原発事故が実際に起きた以上は、それと同程度（各原発については出力や基数に比例して換算）の放射性物質の放出がありうるとの想定で検討されていた。これは一応合理的な前提といえよう。

ところがその後、新規制基準の制定と並行して方針に大きな変化が生じた。新規制基準は「世界一厳しい」と称されているが、その内容自体にもなお批判があるとともに、新規制基準への適合は書類上の概念に過ぎず実証的な根拠は何もない。新規制基準の下で格納容器破損対策に対する審査ガイドが設けられ、いくつかの側面から発電事業者の対策を評価して「セシウム137の放出量が一〇〇TBq（テラベクレル）以下」になることを確認することとしている。[注15]

そもそもこの基準は、福島事故後に「世界一厳しい安全基準」として定められた数値ではなく、二〇〇三年に旧原子力安全委員会の安全目標専門部会が「安全目標」の案として提示した数値を再録したものに過ぎない。[注16] そこでは、原子炉一基あたりで炉心損傷頻度が一万年に一回、格納容器の機能喪失（放射性物質の閉じ込め失敗）頻度が一〇万年に一回、セシウム137の放出量が一〇〇TBq（テラベクレル）を超える事故の発生頻度が一〇〇万年に一回となるようにすべきとしていた。ところが福島原発事故は、一〇〇万年に一回どころかそれより五〇〇倍以上も高い確率で発生した上に、セシウム137の放出量も一〇〇倍多い結果をもたらした。すなわち新規制基準とは「前はだめだったが、今度は目標を達成します」という空手形に過ぎないのであるが、福島事故前の目標と実態の桁違いの乖離を省みれば、信頼に足る数値とは思われない。この放出量は福島原発事故で放出されたと推定されるセシウム137の量の約一〇〇分の一である。さらに「確認」といっても机上の計算であり、それに収まる実証的な根拠はない。

福島事故いらい避難計画が注目されるようになり、原発から五㎞・三〇㎞の数字がしばしば引用される。しかしそれは書類上で対策を講ずるべき範囲を三〇㎞と決めただけであって「放射線の影響が三〇㎞で収まる」こととは無関係である。三〇㎞の数値が繰り返し引用されるため、三〇㎞圏外に脱出すれば安全であるかのような印象が形成されている傾向も見受けられる。しかし原発から三〇㎞離れれば安全という根拠は、実際のところ国や規制委員会からは何も説明されていない。「指針」では七〜八頁（二〇一九年七月改訂に基づき記述）で最初に「PAZ」「UPZ」の用語が記述されているが、ここでは具体的な距離の根拠には言及がない。具体的に距離が記述されるのは同指針五一頁以降である。いずれもIAEA（国際原子力機関）の国際基準における設定を根拠としてPAZは「原子力施設から概ね半径五㎞を目安」、UPZは「原子力施設から概ね半径三〇㎞を目安」と記述されている。

「なお、この目安については、主として参照する事故の規模等を踏まえ、迅速で実効的な防護措置を講ずることができるよう検討した上で、継続的に改善していく必要がある」と付記されているが、最初から五㎞あるいは三〇㎞ありきとして記述されており、各地の原発の周辺に多数の住民が居住する日本の国情を反映した決め方ではない。それでは五㎞あるいは三〇㎞でよいとする数量的根拠はどこに見出されるのであろうか。

当初の距離に関する国や規制委員会の考え方を示した解説[注17]によると、三〇㎞離れれば安全という基準ではなく、緊急時に原子力施設から放射性物質が放出された場合でも、住民の被ばくが一定値以内に収まるから許容するという内容である。「指針」策定の時点での仮定（福島原発事故での実績）に基づいて拡散シミュレーションを実施し、外部・内部の被ばく経路の合計で「七日間滞在した場合に一〇〇mSv」に達する距離を各発電所ごとに求めている。この距離は当然ながら各発電所ごとの条件によって異なるが、各発電所の結果を一覧したところほとんどの地区についてその距離が三〇kmに収まる（ただし原子炉基数が多く出力の合計が大きい柏崎原発については一部三〇kmをはみ出す区域も存在）として、いわば逆算により三〇kmに根拠を与えた数値である。なお各サイトごとの最終試算値は「総点検版」[注18]という資料に示されている。

なおここでいう拡散シミュレーションとは、福島原発事故で注目されたSPEEDI[注19]のように緊急時の現場の状況に応じて即応的な避難方針を決める目的で随時運用されるシミュレーションはなく、事前の検討用である。事故が起きた時点でどのような気象条件に相当するかは予め決めておけないため、各発電所の立地地域における統計的な気象条件[注20]をもとにしている。なお同資料でも地形を考慮していない、すべての気象条件をカバーしていないなど、みずからその機能の限界を認めている。

改めて「原災法」の趣旨と照合すると、「原災法」の目的は「原子力災害から国民の生命、身体及び財産を保護する」とあるにもかかわらず、「指針」は緊急時には法定限度をはるかに超える被ばくは仕方がないとの前提で、また「七日間で一〇〇mSv」が国民の生命・身体に悪影響を及ぼさないという根拠は示されておらず、緊急時だから仕方がないという発想である。このことからも現在の「指針」は「原災法」の趣旨に整合的でないというべきである。すなわちUPZ（五〜三〇km）については住民が被ばくすることを前提とせざるをえず、「原災法」でいう「国民の生命、身体及び財産の保護」の趣旨に反している。

屋内退避と被ばく

原子力規制委員会は二〇一四年に「緊急時の被ばく線量及び防護措置の効果の試算について（案）」を公表している。[注21] この資料は「指針」や内閣府の解説でも屋内退避を推奨すべき根拠として引用されている。屋内退避について、建物の屋根や壁自体が放射線の遮へい物となる「遮へい」効果と、家屋内で外気を遮断（換気扇やエアコンの停止、すき間の目張りなど）してプルームを直接呼吸することを避ける「密閉効果」により被ばく低減効果があるとしている。なおその効果は家屋の構造（木造か石造か）により異なる。図11はその概念を示す。

プルームが通過する時間帯には、屋外にいるよりも屋内で待機すれば多少とも被ばくが低減できることは確かである。しかしこれは事故の収束が順調に行われた場合であって、福島

図11　屋内退避による遮へい効果

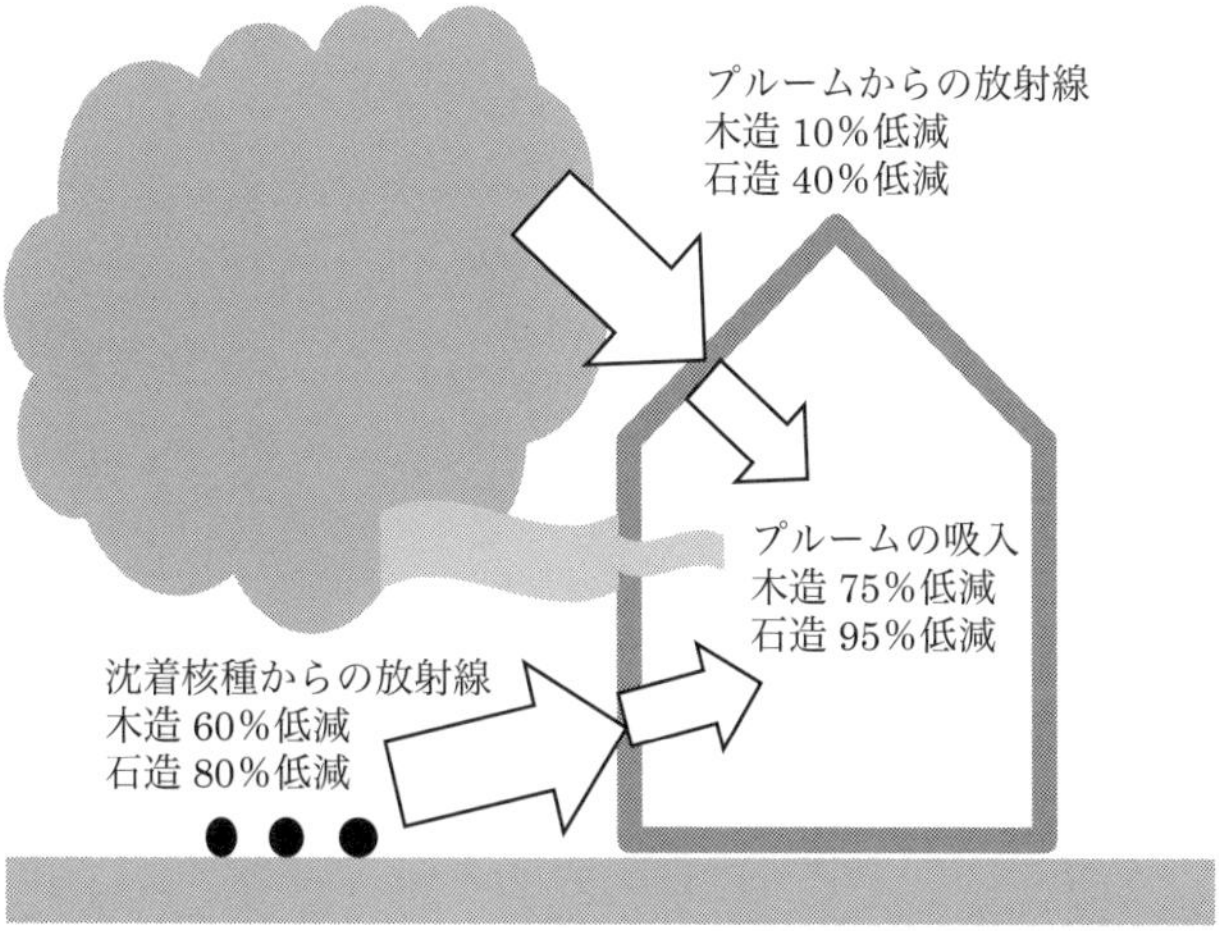

原発事故にみられるように、事故後一～二週間経過してもなお無視しえないプルームや沈降性の放射性物質の放出が突発的に起きる状況になれば、いったいいつまで屋内退避を継続すればよいのか、いつ避難あるいは一時移転をすればよいのか判断がつかない事態も考えられる。

こうした屋内退避により、ＵＰＺで屋内退避を実施した場合、全身被ばく量（実効線量）については、総合的に木造家屋で約二五％、石造家屋で約五〇％の被ばく低減効果が期待できるとしている。また甲状腺被ばく（等価線量）については、屋内退避を実施しない場合、ＵＰＺの一部では、安定ヨウ素剤服用に関するＩＡＥＡの判断基準である一週間で五〇mSv（甲状腺に対する等価線量）を超える区域があるが、屋内退避を実施すればUPZの全域でそれを下回るとしている。

しかし屋内退避に関する一連の議論で、一般公衆の被ばく許容限度である年間で一mSvという基準は無視されている。これは原発周辺では緊急時には被ばく許容限度を超えてもかまわないという前提が設けられているからである。しかも試算は前述のように放射性物質の放出量がセシウム137にして一〇〇TBq（テラベクレル）を超えないとの前提で行われている。また屋内退避期間は二日間としているが、事故が二日で収束するという実証的な根拠もない。

そのうえ同試算では「本試算はこれ以上の規模の事故が起こらないことを意味しているものではない」などという投げやりな記述もみられる。なお自動車で移動する場合、車両は鉄とガラスで覆われた箱と考えられるため、ある程度の遮へい効果があると考えられる一方で、気密ではないため完全な遮へい効果は期待できない。一般的な車両の遮へい係数は〇・八とする評価[注22]もある一方で、浮遊放射性物質に対する自動車乗車中の遮へいは屋外と同じ（遮へい効果なし）としている資料もある。[注23]

避難時間シミュレーションとその問題点

各地で原子力緊急事態を想定した訓練が行われているが、三〇km圏内はもとより五km圏内に限っても全住民が実際に車両で移動する実働訓練は困難であるから、避難時間の推定に関してはシミュレーションを併用せざるをえない。二〇一二年一〇月の「指針」の初版策定時においては、避難時間推計の手順について明記はないもののUPZすなわち五〜三〇㎞では同心円状の全方向避難が暗黙の前提とされていた。この段階での各地域の避難時間推計シミュレーションもそれを前提としていた。しかし二〇一五年四月の指針改訂以降は、UPZは屋内退避を原則とし、緊急時モニタリングにより区域を特定して移動することとなった。「指針」では「避難（OIL1に対応）」と「一時移転（OIL2に対応）」の用語が使い分けられているが、いずれにしても居住地域から何らかの手段を用いて移動するという行動としては同じである。地震・津波・風水害などの単独の自然災害と異なり、原子力緊急事態における移動距離は数十㎞からときには一〇〇㎞を超えることが特徴である。

「指針」の方針変更に関連して内閣府「原子力災害を想定した避難時間推計基本的な考え方と手順ガイダンス」[注24]が提示された。同ガイダンスによると、避難区域のイメージとして概ね四五度の扇型範囲が想定されている。これは各種の検討から、放射性物質の放出方向軸（風向軸）に対して概ね四五度の扇型範囲（セクター）の外では被ばくがごく小さくなるとされているためである。図12は宮城県の女川原発を例に、避難区域（セクター）の想定例を示す。一つの町内あるいは小学校区について物理的な円の境界で避難方式を分けるのは合理的でない

図12　内閣府ガイダンスによる避難区域のイメージ

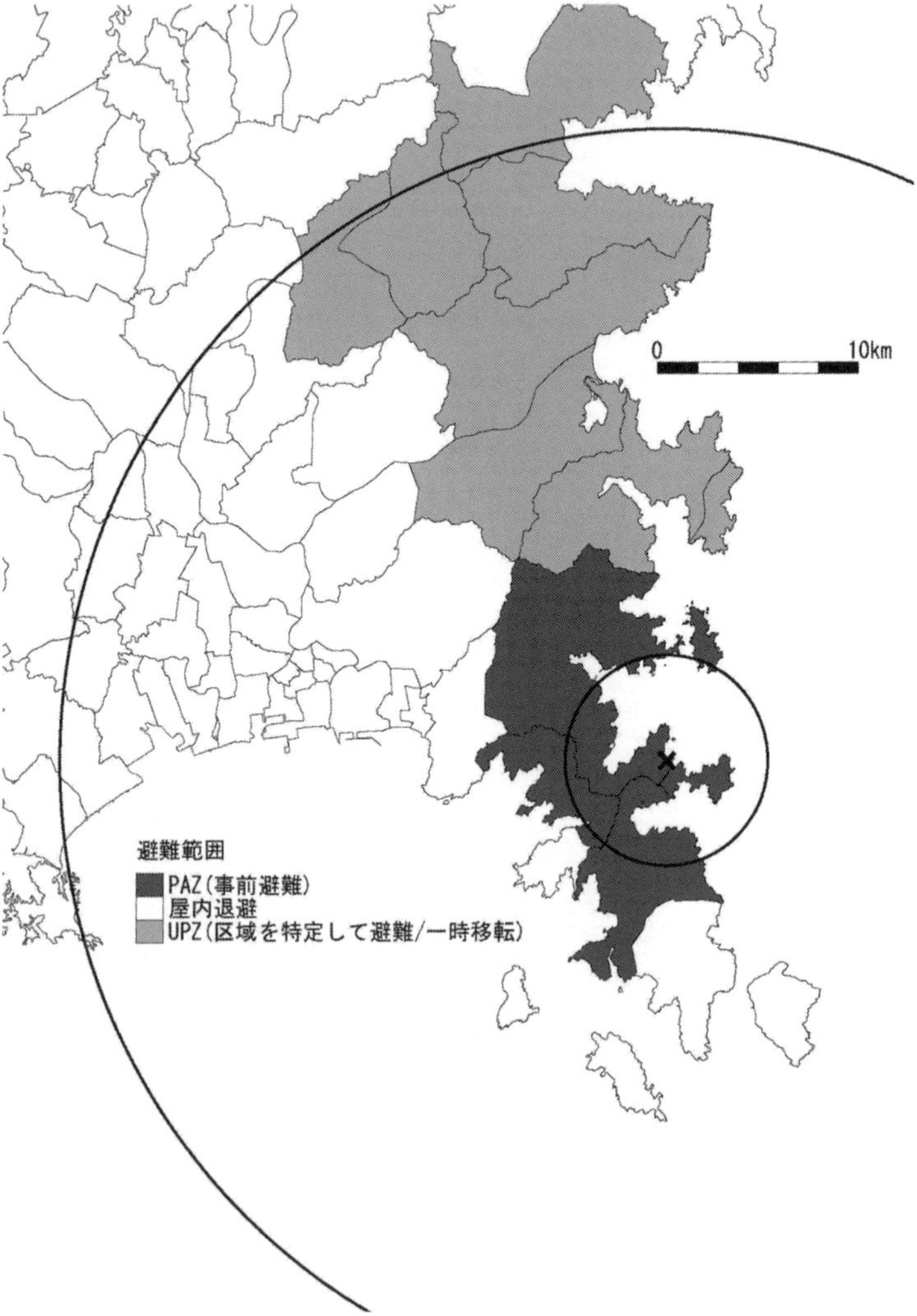

ため、境界にまたがった町内や小学校区はその内側の避難方式に合わせるとした。しかし図14（後述）で示すように気象状況（風向・風速・降水）は数時間のうちに大きく変化する可能性もあり、セクター単位での避難区域の設定が妥当であるかは不明である。もし事故の収束が短時間で達成できなければ、結局のところ次々と変化する風向によって全方位が汚染され三〇km圏内全体の避難が必要になる。福島原発事故に際しても半径二〇kmの同心円状の警戒区域（法的な強制避難）を設定せざるをえなかった。同ガイドラインにおいても「全面緊急事態以降、プラントの状況悪化に応じて、段階的に住民避難が実施されることがある」「ＰＡＺ及びＵＰＺの概念として同心円で範囲を記載しているが、実際の範囲は行政区域（区）を単位に定めており、本図とは形状が異なる」などと記述されており、机上での計算はどのようにも可能であるが実際の運用との関連は明確でない。

またシミュレーションはあくまで移動時間の試算であり、どのくらい被ばくするかとは関連づけられていない。またシミュレーションでは、避難完了時間とは一般に九〇％の住民が避難した時点と定義されるが、逆にいえば一〇％の住民が残留している状態である。現場では市町村の職員・消防団員や自治会役員などが個別確認に回らざるをえないからこれらの人々も残留者となる。東海村ＪＣＯ事故に際しては、避難要請の範囲三五〇ｍ・対象の住民二六五名の避難に対して、個別確認に時間がかかり全員の退避完了は事故発生から一〇時間を要している。これが三〇km圏となればどれほど時間がかかるのか想像もつかない。

また避難時間シミュレーションは、避難計画を策定する際の参考にはなるが結果の解釈には注意が必要である。第一に、シミュレーションの選定モデルや担当者により様々な結果になりうるため客観性がない。しかも政府・規制委員会・電力事業者もその妥当性について評価をしていない。

第二に、試算結果と実績の比較・検証がなされない、もしくは不可能である。通常この種のシミュレーションは道路計画に用いられ、たとえば交差点の立体交差化・信号方式の改良・パイパス道路の開通などに関して、実施前後で渋滞の変化など実績と比較できる。しかし原発避難のように地域の車両が一斉に動き出す状況は実績との比較ができない。

第三に、設定する条件が多すぎて、それらの組み合わせとして多数のケーススタディを実施してもいずれが妥当な結果なのか判断できない。各地の避難時間シミュレーションでは多数のケースを試算し、最短から最長まで所要時間の試算結果が示されているが、このような結果を示されても現場の自治体の担当者は困惑するばかりであろう。また個々の車両の動きかたに関して、たとえば交差点・分岐点があった場合にどの経路を選択するか、あたかもドライバーが上空から俯瞰して予め完全な情報を知って安全（リスク最小）なルートを選択するとの仮定で計算される場合もある。現在、カーナビゲーションや道路交通情報システムによ

表3　避難時間シミュレーションの受託業者

原発（地域）	受託業者	シミュレーションシステム
泊	ユーデック	Aimsun ETE（市販システム）
東通	構造計画研究所	Vissim（市販システム）
女川	三菱重工	ES-M（自社開発システム）
福島第一・第二	ユーデック	Aimsun ETE（市販システム）
東海第二	ユーデック	Aimsun ETE（市販システム）
柏崎刈羽	三菱重工	ES-M（自社開発システム）
浜岡	三菱重工	ES-M（自社開発システム）
志賀	ユーデック	Aimsun（市販システム）
福井地区	構造計画研究所	Vissim（市販システム）
島根	三菱重工	ES-M（自社開発システム）
伊方	ユーデック	Aimsun ETE（市販システム）
玄海	三菱重工	ES-M（自社開発システム）
川内	ユーデック	Aimsun ETE（市販システム）

ってある程度は情報が取得できるようになっているが、道路の損傷による通行止めに遭遇して引き返すなどの個別の支障は考慮できない。

第四に、これまで行われた多くの避難時間シミュレーションでは自家用車のみを対象としており、バス等を使用する集団輸送について考慮した例は少ない。

第五に、シミュレーションはあくまで車両の移動時間であり、それ以前の避難準備時間や集合場所に参集する等の時間は考慮されていない。また避難経路の途中に避難退域時検査所（スクリーニングポイント）を設けてそこに立ち寄る必要があるが、避難経路から退域時検査場までの迂回やスクリーニングそのものの所要時間については考慮されないため、全体の避難時間はさらに伸びることになる。

避難時間推計はコンピュータ上のシミュレーションである以上、条件を種々に設定して試算すれば机上ではさまざまな結果が得られるが、変動要因が多すぎていずれが妥当であるかの評価基準もなく、広域避難計画の基準としていずれを適用すべきかの判断もつかない。一方で原発周辺の市町村にとって、場所によっては数十ケースにも及ぶ試算結果を提示されても具体的に活用の方策がない。なお表3はこれまでに各地区の避難時間シミュレーションを受託した業者の一覧である。全国で三社が分散して受注しているが、各々異なったシミュレーションシステムを利用しているので比較のしようもない。要するに避難時間シミュレーションは住民等の安全な避難を検討する資料としては、ケースごとの相対的な比較ていどの参考にはなるが、避難計画の実効性を高める効果は乏しい。なお国内各地で実施された避難時間シミュレーションおよび海外のシミュレーション事例の一覧の調査が報告されている。[注25]

脚注

注1　全般的な概説としては、矢ヶ崎克馬・森田敏也『内部被曝』岩波ブックレットNo.八三二、二〇一四年など。

注2　環境省「放射線による健康影響等に関する統一的な基礎資料」(平成三〇年度版)。http://www.env.go.jp/chemi/rhm/h30kiso/h30kiso-04-02-02.html

注3　原子力規制庁「緊急時の被ばく線量及び防護措置の効果の試算について」。https://www.nsr.go.jp/data/000055769.pdf　なお全身に対する七日間で一〇〇mSvは外部被ばくに起因する「実効線量」であり、甲状腺に対する同五〇mSvは汚染大気の吸入に起因する「等価線量」であるが、この解説は煩雑になるのでここでは省略する。

注4　松野元『原子力防災　原子力リスクと正しく向き合うために』創英社、二〇〇七年、一一三頁。

注5　原子力規制庁「原子力災害対策指針」二〇一二年一〇月三一日制定、現在は二〇一九年七月三日改訂。https://www.nsr.go.jp/data/000024441.pdf

注6　「原子力災害対策特別措置法」により、第十条では施設の境界付近において基準以上の放射線量が検出された場合等、また第十五条では、前十条の放射線量がさらに異常な水準となった場合等（原子力緊急事態と認められるとき）は、事業者は国に通報しなければならない。

注7　内閣府「原子力災害を想定した避難時間推計　基本的な考え方と手順ガイダンス」二〇一六年四月。https://www8.cao.go.jp/genshiryoku_bousai/pdf/02_ete_guidance.pdf

注8　「水戸市地域防災計画（原子力災害対策計画編）及び水戸市原子力災害広域避難計画骨子」。https://www.city.mito.lg.jp/000271/000273/000284/000335/p.html

注9　産業技術総合研究所ウェブサイト「風に乗って長い距離を運ばれる放射性セシウムの存在形態」二〇一二年七月。https://www.aist.go.jp/aist_j/new_research/2012/nr20120731/nr20120731.html

注10　Samuel Glasstone and Philip J. Dolan, ed., The Effects of Nuclear Weapons（3rd ed.）, Washington, D.C., U.S. Government Printing Office, 1977

注11　東京電力「福島第一原子力発電所事故における放射性物質の大気中への放出量の推定について」

二〇一二年五月二四日。http://www.tepco.co.jp/cc/press/betu12_j/images/120524j0105.pdf

注12 福島原発事故記録チーム編、宮崎知己・木村英昭・小林剛著『福島原発事故 タイムライン二〇一一―二〇一二』岩波書店、二〇一三年、四〇頁。

注13 原子力規制庁「安定ヨウ素剤の配布・服用に当たって」二〇一九年七月改訂。https://www.nsr.go.jp/data/000024657.pdf

注14 福島県「平成二三年三月の空間線量率測定結果」。http://www.atom-moc.pref.fukushima.jp/old/monitoring/monitoring201103/201103_mpdata.html

注15 原子力規制委員会「実用発電用原子炉に係る炉心損傷防止対策及び格納容器破損防止対策の有効性評価に関する審査ガイド」二〇一三年六月、一四頁。https://www.nsr.go.jp/data/000069156.pdf

注16 原子力規制庁「安全目標と新規制基準について」二〇一七年八月七日。https://www.nsr.go.jp/data/000198792.pdf

注17 原子力規制委員会二〇一二年度第七回会合、二〇一二年一〇月二四日。https://www.nsr.go.jp/disclosure/committee/kisei/h24fy/20121024.html 原子力規制庁「放射性物質の拡散シミュレーションの試算結果について」二〇一二年一〇月、資料3―1。https://www.nsr.go.jp/data/000047109.pdf

注18 原子力規制委員会二〇一二年度第一七回会合、二〇一二年一二月一三日。http://www.nsr.go.jp/disclosure/committee/kisei/h24fy/20121213.html資料1― 原子力規制庁「拡散シミュレーションの試算結果（総点検版）」二〇一二年一二月。http://www.nsr.go.jp/data/000047210.pdf

注19 SPEEDIは「緊急時迅速放射能影響予測ネットワークシステム」の略で、（公財）原子力安

全技術センターによって運用される。原子力施設から放射性物質が放出された（あるいはその可能性）場合に、放出源の情報をもとに周辺環境における放射線量等を地形や気象を考慮し計算する。https://www.nustec.or.jp/index.html

注20　「発電用原子炉施設の安全解析に関する気象指針」原子力安全委員会決定、一九八二年一月二八日。

注21　原子力規制委員会「緊急時の被ばく線量及び防護措置の効果の試算について（案）」二〇一四年五月二八日。https://www.nsr.go.jp/data/000047953.pdf

注22　経済産業省原子力被災者生活支援チーム「県道35号・国道288号における帰還困難区域の線量調査結果について」二〇一九年八月。https://www.meti.go.jp/earthquake/nuclear/kinkyu/hinanshiji/pdf/190826_sannkousiryou3r.pdf

注23　宮城県地域防災計画原子力災害対策編付属資料3—7—3。https://www.pref.miyagi.jp/uploaded/attachment/238493.pdf

注24　内閣府「原子力災害を想定した避難時間推計基本的な考え方と手順ガイダンス」二〇一六年四月。https://www8.cao.go.jp/genshiryoku_bousai/pdf/02_ete_guidance.pdf

注25　三菱重工業株式会社「平成二六年度国内外の避難時間推計に係る動向等調査技術資料」二〇一五年三月。https://www2.nsr.go.jp/data/000249024.pdf

3 避難政策の転換と問題

「できるだけ住民を逃がさない」方針への転換

前章で述べたように「三〇km」は安全とは結びついていないが、制定いらい本書執筆時点まで一四回の改訂が行われた過程で「指針」の方針が大きく変質している。

制定時には、各原発について、福島原発事故に相当する放射性物質の放出（各原発の出力に比例した放出量）が起こりうるとの前提で試算していたが、二〇一四年五月の改訂では、PAZ（五km圏）の事前避難（放射性物質の放出前）は従来どおりであるが、UPZ（五～三〇km圏）については「リスクに応じた合理的な準備や対応を行うため」として屋内退避を原則とする方向に転換された。

その資料として屋内退避を妥当とする試算が提出されているが、前述のようにその試算にあたり放射性物質の放出量を福島原発事故の一〇〇分の一とするなど桁ちがいに低く変更した前提に基づいている。

これは何ら実証的な確認はされておらず「それに収まるように新規制基準を決めたからそれを前提とする」とした机上の前提に過ぎない。

さらに二〇一七年七月五日の「指針」第八回改訂では、原子力緊急事態の第一段階である

「警戒事態の要件の一つである地震と津波に関する基準が緩和された。改訂以前は、原発が立地する都道府県において震度六弱以上の地震の発生や大津波警報の発表（予報区）が対象であったが、その範囲が市町村に縮小された。

たとえば強い地震が発生した場合でも、原発が立地する市町村で震度六弱未満であれば、その近隣の市町村でより大きな震度が観測されていても警戒事態には該当しないことになった。茨城県についてみれば、一九二三年以降、ほぼすべての市町村で震度六弱以上の地震の記録があるが、たまたま東海村で震度六弱未満であれば警戒事態には該当しないということである。これも「できるだけ住民を逃がさない」ための変更とみられる。

こうした変遷の真の背景は公開されていないが、まず二〇一二年に三〇㎞の数字を決めた後に、各原発について避難時間シミュレーションの結果が順次提示されたところで、三〇㎞圏の住民の迅速な避難は不可能という結果が露呈したため、ＵＰＺは屋内退避を原則とせざるをえなくなったものと推定される。

加えて、いずれにしてもこの手順による避難は国の判断に基づいて自治体の指示による避難となるが、避難期間の長短はいずれにせよ補償の対象となる。その対象をできるだけ少なく限定する思惑が背景にあるものと考えられる。なお前提条件の変遷を巻末付属資料２に、「指針」の変遷や関連事項を同資料３に示す。

原子力防災の枠組みの問題点

一般に「原子力発電所から三〇km圏の地方自治体において避難計画の策定が義務付けされる」と称されるが、「災害対策基本法」[注1]の体系下で、原子力災害についても当該地域及び当該住民の生命、身体及び財産を保護するため、道府県・市町村は「防災基本計画」及び「指針」に基づく地域防災計画を作成することが求められる。[注2]

「災害対策基本法」と「原子力災害対策特別措置法」に基づき、都道府県は都道府県防災会議を設置し「都道府県地域防災計画（原子力災害対策編）」を策定する。また市町村は都道府県の計画と整合的な形で「市町村地域防災計画（原子力災害対策編）」を策定する。

都道府県・市町村の「地域防災計画（原子力災害対策編）」を策定するにあたり、原災法に基づき原子力規制委員会は「指針」を提供することとされている。

これと並行して内閣府・消防庁連名で「地域防災計画（原子力災害対策編）作成マニュアル（市町村分）」[注3]が提供されている。またその解説資料的な位置づけとして、原子力規制庁は「〈原子力災害対策指針・補足参考資料〉地域防災計画（原子力災害対策編）作成等にあたって考慮すべき事項について」[注4]を同時に公表している。

しかし「指針」は防災に関して地方公共団体の責務に関わる内容を記述していながら、原子力発電所の再稼働（あるいは新規稼働）の適否を評価する「実用発電用原子炉に係る新規制基準（以下「新規制基準」という）[注5]とは関連を有さず、県・市町村の原子力防災計画・避難計画等の実効性の評価等は新規制基準に対する適合の要件とされていない。すなわち、避難計画の実効性の評価とは無関係に「適合」の判断が示される。前述のように規制委員会は基準に適合しているかどうかを審査するだけで、安全という判定はしないし稼働の判断もしないとしている。

また避難計画は県・市町村が策定するものであり、規制委員会は援助するだけであるとしている。すなわち道府県・市町村は原子力防災に関する責務を負うにもかかわらず、三〇km圏はもとより原発が直接立地する市町村でさえも安全性に関しては法的根拠に基づく関与の枠組みも手段もない。

すなわち現行の法的な枠組みでは、地方公共団体の避難計画の策定に際して、どのような事態に対してどのような対策を講ずればよいのかという基本的な条件設定の初期段階からすでに矛盾を呈していることになる。既存の原子力発電所に関しては法的強制力のない情報提供等に関する「安全協定」を締結するにとどまっている。これでは「災対法」「原災法」に定めるところの「住民の生命、身体及び財産の保護」に必要な措置を講ずることができず、制度上の重大な欠陥というべきである。

他の防災法制との矛盾

そもそも「指針」は「原子力災害対策特別措置法」に則って策定されたものであり、その他各種の災害対策関連の法令と同様に「国民の生命、身体及び財産の保護」を目的に掲げている。一例であるが二〇一一年一二月に「津波防災地域づくりに関する法律[注6]」が制定され、全く同様に「国民の生命、身体及び財産の保護」を目的に掲げている。[注7]同法に基づく「基本方針」について国土交通省の解説[注8]によると、特徴的な内容として基本事項では「最大クラスの津波が発生した際もなんとしても人命を守る」「ハード・ソフトの施策を総動員させる多重防御」等の基本方針が記述されている。また津波浸水想定の設定について指針としては「都道府県知事が、最大クラスの津波を想定し、悪条件下を前提に浸水の区域及び水深を設定」「津波浸水シミュレーションに必要な断層モデルは中央防災会議等の検討結果を参考に国が提示」としている。すなわち基本的な姿勢として「悪条件下で最大想定」「シミュレーションは国が主導する」ことが示されている。

これは防災施策としては当然であり、たとえば津波対策なら「何m以上は考えないものとする」などという発想はなく、過去最大の波高を参照する。もとよりその規模が大きければ完全な防災はできないから、その条件下で可能なかぎり被害の軽減を模索する。ところが原子力防災では最大想定を意図的に避けて、福島事故を参照しない楽観的な想定を設けていること、悪条件下での避難はつけ足し程度の位置づけであること、被ばく防止については放射性物質拡散シミュレーションシステムの利用を放棄して「起きてみなければわからない」という姿勢への転換など[注9]、同じ目的を掲げながら自然災害対策に比べると異質である。

依然として「集団無責任体制」

原子力の安全規制に関して、福島原発事故以後の大きな変化は原子力規制委員会の設置である。事故前には、原子力の規制に関しては内閣府に「原子力委員会」と「原子力安全委員会」が、経済産業省に「原子力安全・保安院」が設けられていた。さらに放射性物質や被ばくの管理等については文部科学省（旧科学技術庁からの継承）も関与していた。このような入り組んだ規制体系が緊急時の対応にも支障を来たすなどの問題点が指摘された。また発電事業者と経済産業省は、人事を通じて実質的に一体化しているなど、本来期待される規制の機能を果たしていないことが事故の背景にあることが指摘された。『国会事故調査報告書』で

指摘された「規制の虜《とりこ》」の問題である。[注10]

このため二〇一二年に、民主党政権下で全面的に組織の再編が実行され、核施設の規制体系を一元化して「原子力規制委員会」が環境省の外局として設けられた。[注11]これは、国家行政組織法第三条に規定されることから通称「三条委員会」と呼ばれる位置づけであり、上級機関（所管の省庁）からの指揮監督を受けず、独立して権限を行使することが保障される。また人事面でも発電事業者や関係省庁の影響力を排除する配慮がなされている。

田中俊一初代委員長は、電力事業者の提出書類に初歩的なミスが多かったことに不快感を表明して「今度の規制庁、規制委員会は、そんなに甘ちゃんではないです」[注12]と発言したこともあり、事故前よりは相対的に規制の独立性が改善されているとみることもできるが、一方で技術的・専門的な判断を示すのみであり、国の原子力政策全体の中での位置づけが重視されているとはいえない。

どのような対策を講じてもリスクはゼロにはならず、また再稼働の有無にかかわらず各原発に大量の使用済燃料が貯留されているから、緊急事態に際しての避難計画の整備は不可欠である。米国では、原子炉の設置に際してNRC（米国原子力規制委員会）やFEMA（連邦緊急事態管理庁）による審査・評価が行われ、運転の可否が判断される。しかし日本では、原発設備の設置・変更・運転に際して、避難計画の整備は法律的な要件となっていない。

日本では、住民の避難計画の策定は大枠としては「災対法」の下で自治体（道府県・市町村）の責務となっており「地域防災基本計画（原子力災害対策編）」が策定される。しかし自然災害を対象に整備された災対法に対して、性質の異なる原子力防災が割り込んだ形となっているため自治体は対応に苦慮している。多くの基本計画は概念的・手続的な記述にとどまり、具体的な避難計画、すなわちどのような状況の時に、誰がどのように動くべきか、移動手段はどうするか等の内容は別に作成されるケースが多い。それが「広域避難計画」「避難時間推計」等である。法律的には防災計画は自治体の責務であるといっても、原子力災害の特殊性を考えると、避難計画の策定・評価など住民の安全に係る責任主体として、国（政府省庁）・規制委員会・発電事業者・地方自治体（道府県・市町村）の四者が考えられる。

その概念を図13に示すが、当然ながら四者が連携して取り組まなければならない課題である。しかしその実態は極めて曖昧である。まずAは政府と規制委員会の関係である。菅直人首相（元）が国会の質問主意書[注13]で規制委員会の権限を質したのに対して、安倍晋三首相は答弁書で「規制委員会は適合性審査を行う機関であって再稼働の認可は行わない」「新規制基準には地域防災計画に係る事項は含まれていない。計画は都道府県及び市町村において作成等がなされるものであり、政府は原子力防災会議の下、支援を行っている」と回答している。

原子力防災会議には全閣僚が出席するが、政府の立場は、どの原発に対しても毎回ほぼ同

図13　安全に関する責任主体

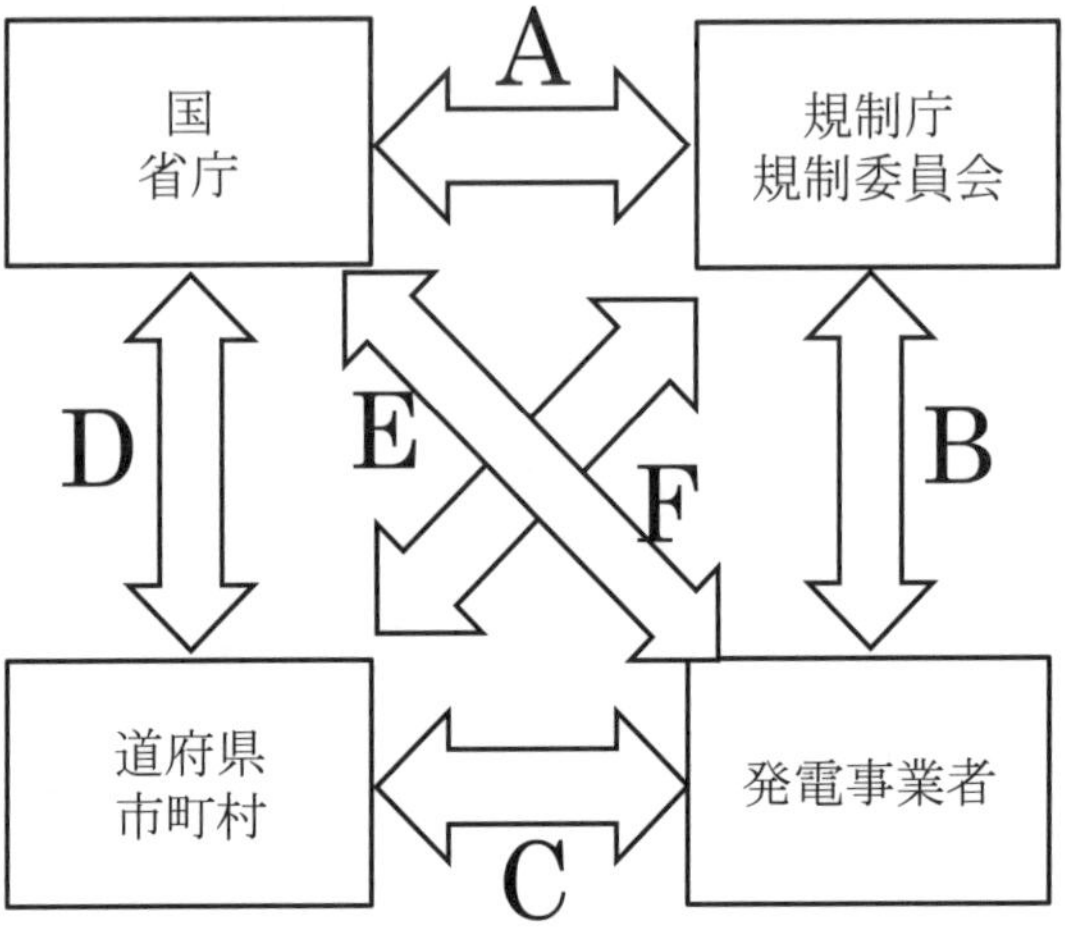

じ定型句で「高い独立性を有する原子力規制委員会が、科学的・技術的に審査し、世界で最も厳しいレベルの新規制基準に適合すると認めた原発のみ、その判断を尊重し、地元の理解を得ながら再稼働を進める[注14]（第九回原子力防災会議・安倍晋三首相の発言）」という内容である。避難計画と再稼働は関連させず、一方で「報告を受けたので了承する」と言っているだけで国の責任を巧妙に避けている。国（主に内閣府）や規制庁は防災に関して多数の基準・指針・マニュアル等を作成しているが、それぞれが互いに矛盾して実行不可能な内容になっていないか等の整合性のチェックは行われていない。

次にBの規制委員会と発電事業者の関係であるが、前述の国会における政府の答弁書のとおり、規制委員会は新規制基準に適合しているかの審査が責務であって、適合を以て安全が担保されたとの判断は示さず、再稼働の可否にも関与しない。[注15]一方で発電事業者は、本質的な安全対策を講ずるよりも、規制委員会の動向を窺いつつ、追加費用を極力抑えた弥縫策で審査を通過することを目標として対応している。森一久（前出）は、電力会社の姿勢について「言われたようにやればいい、安全規制は政府に言われたとおりやっているから大丈夫だという姿勢が強い」という。新潟県中越沖地震に起因する東京電力柏崎刈羽原子力発電所変電所火災を例示して「事業者は変圧器に消火器がなかったのは規則によって置かなくてもいいからだと説明したが、規則ではなくて自分で考えることではないか」と指摘している。[注16]発電事業者と政府（規制当局）との関係と同様に、事業者内部の部門間でも同じ認識が積み重なり、ひいては福島原発事故を招いたのではないか。

また原子力規制委員会についても独立性を付与したと言われているが、委員会自体の透明性・中立性は疑問である。原子力規制庁の新規職員採用試験では「原子力規制委員会では安全研究を行う上で独立性、中立性及び透明性の確保に留意することとしている。これらを確保するために研究者として大事であると考えることは何か、自身の経験や知見を踏まえ、考えを述べよ」という問題が出題されている。[注17]

しかし実態はどうであろうか。二〇一八年一二月、関西電力に求める原発の火山灰対策を決める委員会（公開会議）に向けた非公開の事前会議の場で、二案のうち一案を退ける方針を決めたのに、議事録を作らず参加者に配布した資料も回収・廃棄していたことが明らかとなった。事前会議には更田豊志委員長らが出席し、六日後の公開会議では残る一案だけを提示し決定した。[注18]また当日の資料を廃棄したと報告されていたところ後日の再請求で開示されるなど、情報公開に消極的な姿勢も指摘されている。[注19]おそらくこのような経緯は氷山の一角であり「非公開の事前会議」よりもさらに前段階の水面下で規制委員会と発電事業者の接触が行われている可能性も十分に考えられる。実際のところ、いまだに規制委員会と発電事業者の独立性の意味を理解せず、いわゆる「原子力ムラ」の一組織として発電事業者の便宜をはかるべき組織との認識を示す者さえある。[注20]

また原子力規制委員会は独立性が高いとされているものの、各地域の緊急時対応を最終的に評価する国の原子力防災会議（首相以下全閣僚出席）ではきわめて軽い位置づけしか与えられていない。同会議には原子力規制委員長が出席するが、「〇〇地域の緊急時対応は原子力災害対策指針に沿った具体的で合理的なものであると考えられる」として地域名だけを入れ替えた短い定型句を発言するだけとなっている。一方でここにも責任回避が仕組まれている。「具体的かつ合理的という報告を受けたから了承した」のであって、もしそうでない事態が発生したときは報告のほうが不適切だったとして前段階（地域原子力防災協議会）の責任に帰する枠組みが用意されている。

いわゆる原子力の「推進派」であっても、おそらくは誰も、本音では原子力の安全性に確証を持っていないし、最適な電源とも思っていないのではないだろうか。前述の森一久は次のように述べている。

ところが原子力の持つ社会的な影響や技術的な難しさがあまりにも大きいために、当事者がその重圧に耐えかねて、責任から逃げたくなってしまった。「原子力にはいろいろ問題があります。しかし、これは国の政策でやっているのだから賛成してください。安全性についても、安全委員会がちゃんと見ているから大丈夫です」。このように自己責任をごまかしながら今日まできてしまいました。[注21]

Cは発電事業者と立地県・立地市町村の関係である。そもそも自治体には、原発設備の設置・変更・運転に関与する法的な権限はなく発電事業者と個別に締結する「原子力安全協定」が存在するのみである。法的根拠がないから「紳士協定」と通称されることもある。発電事業者は自治体の了解なしに原発を稼働しても（法令に定める基準を超えた放射性物質を排出する等を除き）違法ではない。

自治体は住民の安全確保の責務を負っている以上、緊急事態に際して、住民に対して「誰が（個人の状況ごとに）・いつ・どこへ・どのような手段で・何を携行して」等の具体的な内容を伴う避難指示を発出しなければならない。そのためには、正確な現状と、今後の確実な見通しを発電事業者から迅速に得る必要がある。しかし制度上は、緊急事態に際して発電事業者はまず国に通報することになっており、自治体は発電事業者の情報で自主的に動くことは難しい。自治体は住民に対しては「災対法」「原災法」により生命・身体の保護の義務を負っている以上は、原発の設置・運転そのものにも関与すべきであるが、法的にはその権限がない。

Dの国と自治体の関係も曖昧である。前出の質問主意書に対する答弁書で政府は「再稼働の有無にかかわらず地域防災計画は自治体において作成するもの」と回答している。また国は「支援」として「地域防災計画（原子力災害対策編）作成マニュアル」等を提示しているが、その内容は検討すべき項目を列挙したに過ぎず、これを参照した道府県・市町村の計画もこれを引き写して固有名詞を書き換えた内容に過ぎない内容も少なくない。前出の安倍首相の発言で「立地自治体の理解」としているが、何がどのような条件を満たせば「理解」とするのかも不明である。

Eの政府と発電事業者の関係として、国・省庁と発電事業者の関係は福島原発事故以後も依然としてしばしば「原子力ムラ」と揶揄される。しかし政府は再稼働推進の姿勢を掲げる一方で、具体的な安全に関する責任は発電事業者に転嫁している。新規制基準下での適合性審査終了の第一号となった九州電力川内原発に関して、安倍晋三首相は「一歩前進ということだ。

立地自治体の理解をいただきながら、再稼働を進めていきたい」と発言する一方で、菅義偉官房長官は「原発の安全性は規制委に委ねている。個々の再稼働は事業者（電力会社）の判断で決めることだ[注22]」として政府も安全について責任を放棄する姿勢を示している。同時に田中俊一規制委員長（当時）は「安全だということは、私は申し上げません。再稼働の判断にはかかわりません」としている。

Ｆは避難計画に実効性を付与するためには密接に関係する部分である。規制委員会は「原子力災害対策指針（以下「指針」）」を作成し、原発から概ね三〇㎞の自治体は避難計画を策定するように求めている。しかし「指針」自体が、できるだけ住民を逃がさないようにする方針に転換している。道府県・市町村では、「指針」に従って広域避難計画の下に各種のマニュアル・資料等を作成している。しかし多くの場合、その内容は部内向け説明資料あるいは担当者向けの情報整理にとどまっている。もちろん計画の過程としてこれらの情報は必要だが、住民がこれを見ても避難の参考になる内容はない。

このように国（政府）・規制委員会・電力会社・地方自治体（道府県・市町村）の四者は、いずれも相互に責任を押しつけ合い「集団的無責任体制」の下で再稼働だけが独り歩きしている。

「立地自治体の了解」とは

原子力広報誌『Energy fot the Future』の対談記事で、新潟県刈羽村の品田宏夫村長は、再稼働に際して国も事業者も「同意プロセスが必要」と思い込んでいるが、それはメディアが形成した印象に過ぎず、そのようなプロセス自体が存在しないと述べている。[注23] これは制度の面からは事実である。一般に「合格」とか「地元が再稼働に同意」といった表現で報道されるが、いったいどのような根拠で判断されるのか、法律的根拠がいずれに求められるのかはきわめて曖昧である。むしろ制度設計がもともと意図的に誰も責任を負わない曖昧な仕組みとして構成されているようにも思われる。

一般に「地元が再稼働に同意」とされる経緯は、大別して「安全協定」「防災対策」「再稼働」の三つの部分から成る。第一の「安全協定」は前述のように「紳士協定」であり、当事者は地方自治体と発電事業者である。国は直接には関与しない。事業者は原子炉の設備を設置・変更しようとするときは事前に地方自治体（道府県・市町村）と協議することとされている。この段階では「安全性検討会」で主に原発の設備的な安全性（ハード面）について検討されるが、地方自治体に原発の技術的な専門家はおらず、会議は関連分野（地震・津波・原子炉・建屋・放射線など）の理工学系の研究者で構成される。この検討を受けて地方自治体は発電事業者に回答あるいは意見を伝達する。

第二の「防災対策」は「災害対策基本法」「原子力災害対策特別措置法」に基づく手順であり、各原発周辺の自治体は緊急時対応を策定する義務がある。地域防災計画原子力災害対策編は自治体ごとに策定されるが、国が関与して自治体の地域防災計画・避難計画の充実化を支援する目的で各原発ごとに「○○地域原子力防災協議会・作業部会（全国一三地域）」が開催される。[注24]協議会の構成員は国（内閣府・原子力規制庁・経済産業省のほか警察・消防・自衛隊など）、関連自治体および発電事業者である。続いて「原子力防災会議幹事会」を経て、首相および全閣僚が参加する「原子力防災会議」で報告される。[注25]「幹事会」以降は内容に関する議論はなく「○○地域の緊急時対策について、具体的かつ合理的であるとの報告を受け了承した」との形式が踏襲されるだけである。避難計画のいわゆる「実効性」を検討するのはこの段階であるはずだが、実質的な議論はされていない。

「原子力防災会議」では最後の部分だけが報道公開され、首相の「○○地区の避難計画の実効性を確認した」等との発言が伝えられるのはこの段階である。しかし前述のように、原子力防災会議としてどのような根拠で実効性があると評価したかの議論はなく「指針に沿った対策が列挙されているとの報告を下位のワーキングチームから受けたので、具体的かつ合理的であると確認した」との説明のみである。すなわち計画は「具体的かつ合理的」であるかもしれないが、それが現実に実行可能かという担保は全く検討されていない。実態は「員数主義」、すなわち名目さえ掲げれば、それが実在するとみなされて施策の前提になる。「員数」としてはあるが「実体」は存在しない。かつて国力に見合わない無謀な戦争で国を破綻させたように、日本で今も続く意志決定プロセスの欠陥がここでも繰り返されている。[注26] しかもこの第二のステップは、原発の再稼働（新規稼働）に関する自治体の同意とは無関係である。

第三の「再稼働」は「核原料物質、核燃料物質及び原子炉の規制に関する法律（炉規法）」に基づく手順であり、電力事業者が新規制基準に対する適合性審査を申請し、原子力規制委員会がそれを審査する過程である。この審査書の公表がいわゆる「合格」と通称される段階であり報道でも最も注目される過程であるが、他に「工事認可」「保安規定認可」の手続きがある。このステップは原発や関連設備に関する技術的な検討であり、避難計画との関連性はない。これらの三つの部分は各々別の過程であり緊急時対応、ことに避難計画の実効性が担保されなければ再稼働（新規稼働）を認めないという制度的なチェック機能はどこにも存在しないのである。

脚注

注1　「災害対策基本法」。https://elaws.e-gov.go.jp/search/elawsSearch/elaws_search/lsg0500/detail?lawId=336AC0000000223

注2　内閣府ウェブサイト。http://www8.cao.go.jp/genshiryoku_bousai/keikaku/keikaku.html

注3　内閣府「地域防災計画（原子力災害対策編）作成マニュアル」。http://www.fdma.go.jp/disaster/chiikibousai_genshiryoku/manual_shichoson.pdf

注4　原子力規制庁「地域防災計画（原子力災害対策編）作成等にあたって考慮すべき事項について」。http://www.nsr.go.jp/data/000047200.pdf

注5　「原子炉等規制法」の改正と並行して「実用発電用原子炉に係る新規制基準」が二〇一三年七月八日に施行された。

注6　「津波防災地域づくりに関する法律」。https://elaws.e-gov.go.jp/search/elawsSearch/elaws_search/lsg0500/detail?lawId=423AC0000000123

注7　国土交通省「津波防災地域づくりに関する法律について」。http://www.mlit.go.jp/sogoseisaku/point/tsunamibousai.html

注8　国土交通省「津波防災地域づくりを総合的に推進するための基本的指針の概要」。http://www.mlit.go.jp/common/000188826.pdf

注9　原子力規制委員会「緊急時の被ばく線量及び防護措置の効果の試算について（案）」（二〇一四年五月二八日）。https://www.nsr.go.jp/data/000047953.pdf

注10　東京電力福島原子力発電所事故調査員会『国会事故調報告書（本編）』五頁ほか（CD―ROM版）、二〇一二年九月。

注11　首相官邸ホームページ（二〇一二年六月時点）「原子力規制のための新しい体制について」。https://www.kantei.go.jp/jp/headline/genshiryokukisei.html

注12　原子力規制委員長記者会見速記録、二〇一三年七月二四日。http://warp.da.ndl.go.jp/info:ndljp/pid/11036037/www.nsr.go.jp/data/000068650.pdf

注13　「原発の再稼働と地域防災計画に関する質問主意書」第一八六国会・衆議院質問第三四号、二〇一四年二月一三日提出。

注14　第九回原子力防災会議「議事録」二〇一七年一〇月二九日。https://www.kantei.go.jp/jp/singi/genshiryoku_bousai/dai09/gijiroku.pdf

注15　原子力規制委員会記者会見録（二〇一四年七月一六日）。http://warp.da.ndl.go.jp/info:ndljp/pid/11036037/www.nsr.go.jp/data/000068796.pdf

注16　前出「原子力五〇年」森一久、一〇頁。

注17　平成三〇年度研究職（技術研究調査官）採用試験。http://www.nsr.go.jp/data/000279160.pdf

注18　『毎日新聞』「規制委、密室で指導案排除　関電原発の火山灰対策　議事録作らず」二〇二〇年一月四日。

注19　『毎日新聞』「「廃棄」資料、一転開示　文書名特定、再請求に　規制委、消極さ露呈」二〇二〇年一月五日。

注20　石川和男「対話不十分、大きな禍根」『電気新聞』二〇一九年四月二六日。

注21　前出「原子力五〇年」森一久、三頁、一一頁。

注22　「政権　再稼働加速へ」『朝日新聞』二〇一四年七月一七日。
注23　「BWRの再稼働　困難あり、便法あり、希望あり」『Energy for the Future』ナショナルピーアール社、二〇一九年第四号、四頁。
注24　内閣府「地域防災計画・避難計画策定支援」。https://www8.cao.go.jp/genshiryoku_bousai/keikaku/keikaku.html
注25　首相官邸「原子力防災会議」。http://www.kantei.go.jp/jp/singi/genshiryoku_bousai/
注26　山本七平『日本はなぜ敗れるのか 敗因二一カ条』角川書店、二〇〇四年、七一頁。

4

避難の困難性

避難の各段階における困難

前章で国の方針自体が「できるだけ住民を逃がさない」原則に変化したと指摘したが、本章では、原発周辺の現実の地域の条件を考慮して、実際に住民の安全な避難が可能かどうかを検討する。前述の対談で山田修東海村村長は、ＵＰＺ（五～三〇㎞圏）は段階的避難（正確には「区域を特定して」）となるが、時間の余裕があるので住民が冷静に行動すれば避難できるのだから内閣府にはこの趣旨を住民に伝えるべきであるとしている。

一方で内閣府では、原子力防災に関する「よくある御質問[注1]（以下「Ｑ＆Ａ」）」として、避難に関して次のような想定質問と回答が示されている。なおＱ１～Ｑ４は本書で既に述べたＰＡＺとＵＰＺの避難時期の原則に関する解説、Ｑ５は個別の地域ごとの避難先、Ｑ６はオフサイトセンターに関する解説のためここでは省略する。

内閣府の「Ｑ＆Ａ」要約――想定質問と内閣府の解説

Ｑ７　避難指示は、どのように伝えられるのですか。

国の原子力災害対策本部が緊急事態宣言を発し住民の避難について指示を行なう。避難指示は、国から関係道府県及び関係市町村に伝達される。関係道府県・市町村は防災行政無線、広報車などで住民に伝達する。国は、テレビ、ラジオ等のマスコミ報道、インターネットを通じて伝達する。

Q8　要配慮者[注2]は、避難に時間を要しますが、どのように対応するのですか。

ＰＡＺ圏の避難において

(1)　要配慮者については、事故が発生し「施設敷地緊急事態」となった時点の早期の段階で避難を開始する。

(2)　避難行動により健康リスクが高まる要配慮者は、無理な避難行動は行わず、放射線防護対策が講じられた施設に屋内退避する。屋内退避した要配慮者は、避難の準備が整った段階で避難する。

Q9　ＵＰＺの住民は屋内退避することになっていますが、被ばくが心配です。どのように対応するのですか。

全面緊急事態に至った場合、五～三〇km圏のＵＰＺ内の住民は屋内退避する。これは、放出された放射性物質が通過する時に屋外で行動することで、かえって被ばくすることを回避するため。また、建物内に退避することによって、放射性物質からの放射線量を低減できることや放射性物質の体内への取り込みを低減することで放射線の影響を回避することができる。

Q10　道路が渋滞して避難に時間がかかりませんか。

円滑に住民避難が行われるよう交通対策を実施する。避難車両を示すシールの配布や避難誘導標識の設置を行うといった地域に応じた取組を進める。

Q11　自然災害（津波、地震）で通行不能となった場合の避難経路、避難手段は、用意されていますか。

複合災害により道路等が通行不能となった場合に備え、避難経路を複数設定したり、被災した道路等の復旧や代替経路などの対策を用意している。

Q12　安定ヨウ素剤はいつ配布して、いつ服用するのですか。

ＰＡＺ圏内では、安定ヨウ素剤を住民に事前配布する。全面緊急事態に至った場合の避難の際に服用の指示に基づき速やかに服用する。ＵＰＺ圏内では、全面緊急事態に至った場合、避難や一時移転等の防護措置を講ずる際に緊急配布を行い、服用の指示に基づき服用する。服用の指示は、原子力規制委員会が必要性を判断し、その上で、原子力災害対策本部又は地方公共団体が服用の指示を出す。

Q13　ガソリンが不足した場合、どのように対応しますか。

市町村からの物資の要請に対し都道府県や国が対応する。要請がない場合でも必要と判断された場合に国や都道府県は物資を被災地に送り込む。所管官庁である経済産業省が、あらかじめ燃料の調達体制を整備し、災害時には関係事業者、関係業界団体などの協力等により、供給を確保する。

Q14　食料・飲料、生活用品が不足した場合、どのように対応しますか。

市町村の食料等の要請に対し都道府県や国が対応する。要請がない場合でも必要と判断された場合に国や都道府県は食料等を被災地に送り込む。物資関係省庁は、あらかじめ、食料、飲料水、医薬品等の生活必需品並びに通信機器等の物資の調達体制を整備し、災害時には関係事業者、関係業界団体などの協力等により、供給を確保する。

もとより内閣府は、考えられる問題に対して対処がなされていると説明しているが、本書では各地域の実情に照らして、住民の生命・健康を守る観点から実効性のある防災対策が可能かどうかを検討する。

避難に関する基本的な情報（「Q&A」7関連）

原発が立地する道府県・市町村ごとに広域避難計画が策定されている。筆者は前著[注3]で概略ではあるが国内の全原発に対して評価を行い、いずれの原発に関しても、現実的な時間内での避難は困難であることを指摘した。しかしその後、前述のように道府県・市町村の避難計画のベースとなる「指針」の方針転換があり「できるだけ住民を動かさない」施策が示されることになった。これに伴って道府県・市町村の広域避難計画も改訂されつつある。しかしいずれの資料も「検討すべき項目」の列挙にとどまっており、実効性は疑問である。もちろん防災のスタート段階としての計画は必要であり否定するものではないが、住民の視点で評価した場合にその実効性があるか改めて評価する必要がある。筆者は現在いくつかの原発について再評価を行っているが、各地域の実態を反映した検討は膨大な作業量となるとともに紙面の制約もあり、本書で全原発を取り上げることはできない。そこで経年の古いBWRであり、かつ避難対象人口が国内で最も多く首都圏に近い東海第二原発を具体例として取り上げる。

茨城県の広域避難計画では、避難対象となる区域と想定される避難先が割り当てられている。東海村の全域と、日立市・ひたちなか市・那珂市の一部がPAZに該当し、その他はUPZである。PAZ・UPZとも一つの自治体から複数の避難先に分散する計画になっているが、北は福島県会津地方から、南は千葉県北部に至るまで、各々の移動距離を推定すると表4のようになる。避難先のカッコ内は、避難元からの推定移動距離（理想的なコースを使用できたとした場合）であるが、一〇〇kmを超え二〇〇kmに近いケースも見られる。

表4 東海第二原発に関する避難先

避難元	避難先、括弧内は推定移動距離 km
東海村	取手市(98)・守谷市(102)・つくばみらい市(94)
日立市	福島市(170)・会津若松市(141)・郡山市(120)・いわき市(68)・須賀川市(103)・喜多方市(180)・二本松市(139)・田村市(116)・伊達市(170)・本宮市(129)・桑折町(179)・国見町(183)・大玉村(139)・磐梯町(155)・猪苗代町(150)・三春町(119)・小野町(96)
ひたちなか市	土浦市(60)・石岡市(47)・龍ケ崎市(81)・牛久市(75)・鹿嶋市(58)・稲敷市(68)・かすみがうら市(51)・神栖市(81)・行方市(49)・小美玉市(36)・美浦村(61)・阿見町(67)・河内町(81)・利根町(89)・成田市(87)・佐倉市(108)・四街道市(114)・八街市(113)・印西市(97)・白井市(104)・富里市(101)・酒々井町(102)・栄町(88)・神崎町(76)
那珂市	筑西市(63)・桜川市(47)
水戸市	古河市(82)・結城市(68)・下妻市(61)・常総市(71)・つくば市(56)・坂東市(78)・八千代町(69)・五霞町(89)・境町(82)・宇都宮市(72)・足利市(114)・栃木市(87)・佐野市(105)・鹿沼市(97)・野木町(84)・前橋市(152)・高崎市(179)・桐生市(125)・伊勢崎市(142)・太田市(128)・館林市(106)・みどり市(129)・邑楽町(115)・加須市(101)・春日部市(95)・羽生市(107)・草加市(107)・越谷市(101)・久喜市(101)・八潮市(106)・三郷市(102)・幸手市(92)・吉川市(96)・杉戸町(93)・松戸市(102)・野田市(87)・柏市(90)・流山市(94)・我孫子市(84)・鎌ケ谷市(100)
(以下省略)	

「指針」が策定された当初はまず三〇km圏外に脱出することが注目されたが、福島原発事故の教訓から、避難範囲が次々と拡大されたために再避難・再々避難などのトラブルが発生した経験を踏まえ、一気に遠くまで行ってしまおうという発想は一面では理解できる。しかしこの移動距離そのものが避難者にとって多くの負担をもたらす。

避難に必要な情報の取得について(「Q&A」7関連)

実際の原子力緊急事態に際して避難計画や安定ヨウ素剤配布計画が機能するためには、その前提として適時・適切な情報提供がなされなければならない。一例として福島県では「原子力災害に備える情報サイト」を開設し、出発地と避難先を入力すると放射線情報・渋滞情報・運行実績情報・コンビニエンスストア・ガソリンスタンド・休憩できる場所・避難退域時検査場等のルートマップが表示できるシステムを提供している。[注4] 福島県内では今後原子炉の再稼働の可能性はないが原発敷地内には大量の使用済燃料が貯蔵されており、これらの施設も緊急事態の対象になりうる。

このようなリアルタイム情報の提供も試みとしては評価できるが、刻々と変化する状況に対して実際に活用できるかは疑問である。ある時点の情報に基づいて避難しようとしたところ、数時間のうちに気象条件が変化する等の事態も考えられる。また渋滞情報を提供するだけでは、空いたルートを求めて車がそこに殺到して新たな渋滞を発生させるなどの問題が考えられる。

図14　気象条件変動の例

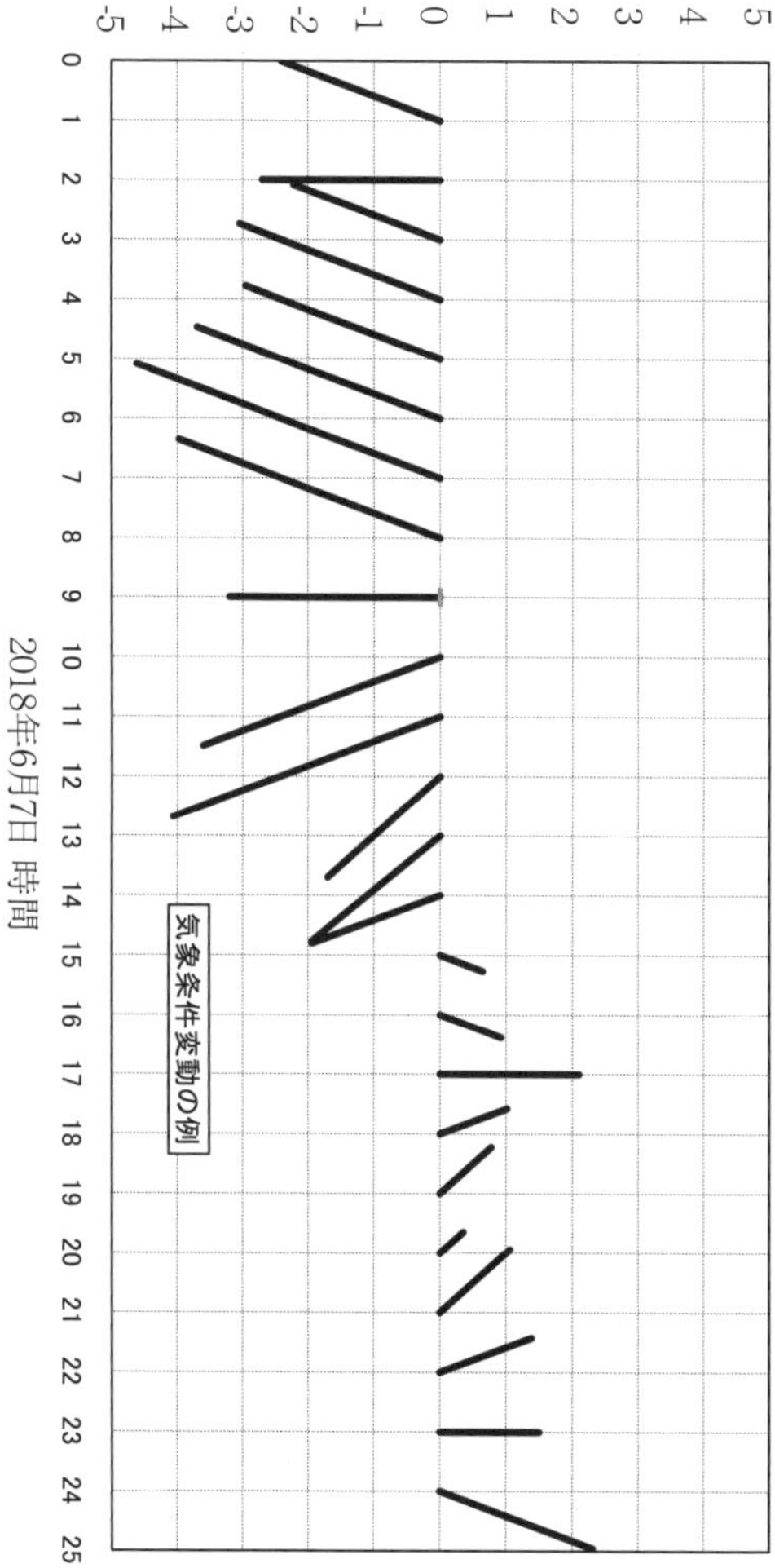

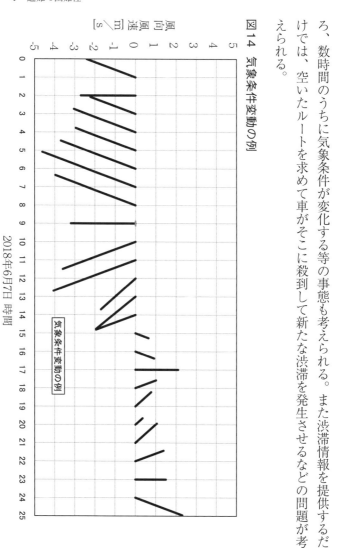

図14はある地点の風向・風速の時間的変化を示した例である。棒の方向が風向を示し、棒の長さが風速をしめす。この例では数時間のうちに風向がほぼ逆転している。ある時点の気象状況をもとに避難を開始しても、いったん避難経路に入ってしまえば時間経過とともに気象状況が様々に変化したとしても、そのつど避難方向を変更することは困難であり、結局は成り行きで被ばくせざるをえない結果に陥る。二〇一三年に実施された新潟県長岡市における避難訓練でその問題が現実に露呈している。柏崎刈羽原発を対象に被ばくを最小限にするために風向きを考慮して住民に避難指示を与える試みが行われた。市の対策本部は風向きや気象条件を分析し、三方向にある避難所のうち風下側でない避難所に向かって逃げるよう指示した。しかし住民がバス等で移動しているうち気象条件が変わりプルームに近づいてしまう結果を招いた。[注5] ある地域やグループの住民が避難している途中に次々と別の方向への指示が出るようでは、むしろ「右往左往」を誘発し危険を招くおそれが大きい。

前述の内閣府の「Q&A」では、住民の避難指示は国の原子力災害対策本部が指示し、国から関係道府県及び関係市町村に伝達しそれを地域の伝達手段（防災行政無線、広報車など）で伝達するのと並行して、テレビ・ラジオ・インターネットを通じて伝達するとしている。複数のルートで伝達する手段を講じることは必要としても、住民側からみた場合、情報を受け取るタイミングがばらばらとなる。福島原発事故に関する『国会事故調報告書』では市町村ごとに「事故の発生を知った住民の割合」と「避難指示を知った住民の割合」の時間経過の調査が行われている（いずれも実際に避難した人に対する調査[注6]）。

それによると「事故の発生を知った住民の割合」については、実際の事故発生後三〇時間以上経過しても半数の住民が情報を知らなかった自治体がある。また「避難指示を知った住民の割合」は、同じく発生後三〇時間以上経過しても七割の住民が避難指示を知らなかった自治体がある。事故前には現実に広域避難が想定されていなかった上に、避難指示範囲が次々と拡大されて混乱を招いた状況下ではあるが、かといって事故後に大きく条件が改善された状況はなく、課題としては解消されていないものと考えられる。

「指針」では、UPZにおいては屋内退避を原則として、緊急時モニタリングにより避難範囲を決定するとしている。しかし各道府県・市町村および国の資料を参照しても抽象的な項目の列挙のみで実効性は確認できない。どれだけの機材でどこにどのような計測手段（モニタリングカー等）を配置あるいは派遣し、どのように「区域」を特定するのかは記載がなく、現実の緊急事態に際して機能する保証はない。また規制庁（オフサイトセンター）についても同様であるが、モニタリングカー等の移動計測手段を配置するにしても、後述のように道路の物理的損傷や通行支障が発生した場合は移動が困難であり、必要なモニタリングができないことも考えられる。

住民への伝達

実際のところ、地震・津波・風水害などの自然災害にせよ原子力災害にせよ、道府県・市町村の首長や職員が実施すべき業務には共通した内容（情報の伝達・避難誘導・避難所の開設と運営・安否確認など）が多い。それぞれ別の体系として構築するよりも「原災法」を「災対法」の枠組みの中に設けたことは合理的であろう。しかし原子力災害の特徴として、自然災害にはない複雑な要因が加わる一方で、情報の流れが整理されていない。

まず「原子力緊急事態」の宣言は、事業者からの通報を受けて原子力規制委員会が内閣総理大臣に対して報告と案の提出を行い、これに基づいて内閣総理大臣が発出する（「原災法」十五条）。同時に内閣総理大臣は緊急事態応急対策を実施すべき区域を公示する。ただし住民に対する実際の避難（あるいは状況により屋内退避）の指示や、避難場所の指定等は市町村長の責務（「原災法」第十五条および「災対法」読み替え第六十条）であって、国や道府県が住民に直接指示する枠組みはない。

一方で内閣府の「Q＆A」のうち「避難指示は、どのように伝えられるのですか」によると「国の原子力災害対策本部から緊急事態宣言を発し、住民の避難について指示を行う。避難

図15　避難指示の情報のイメージ

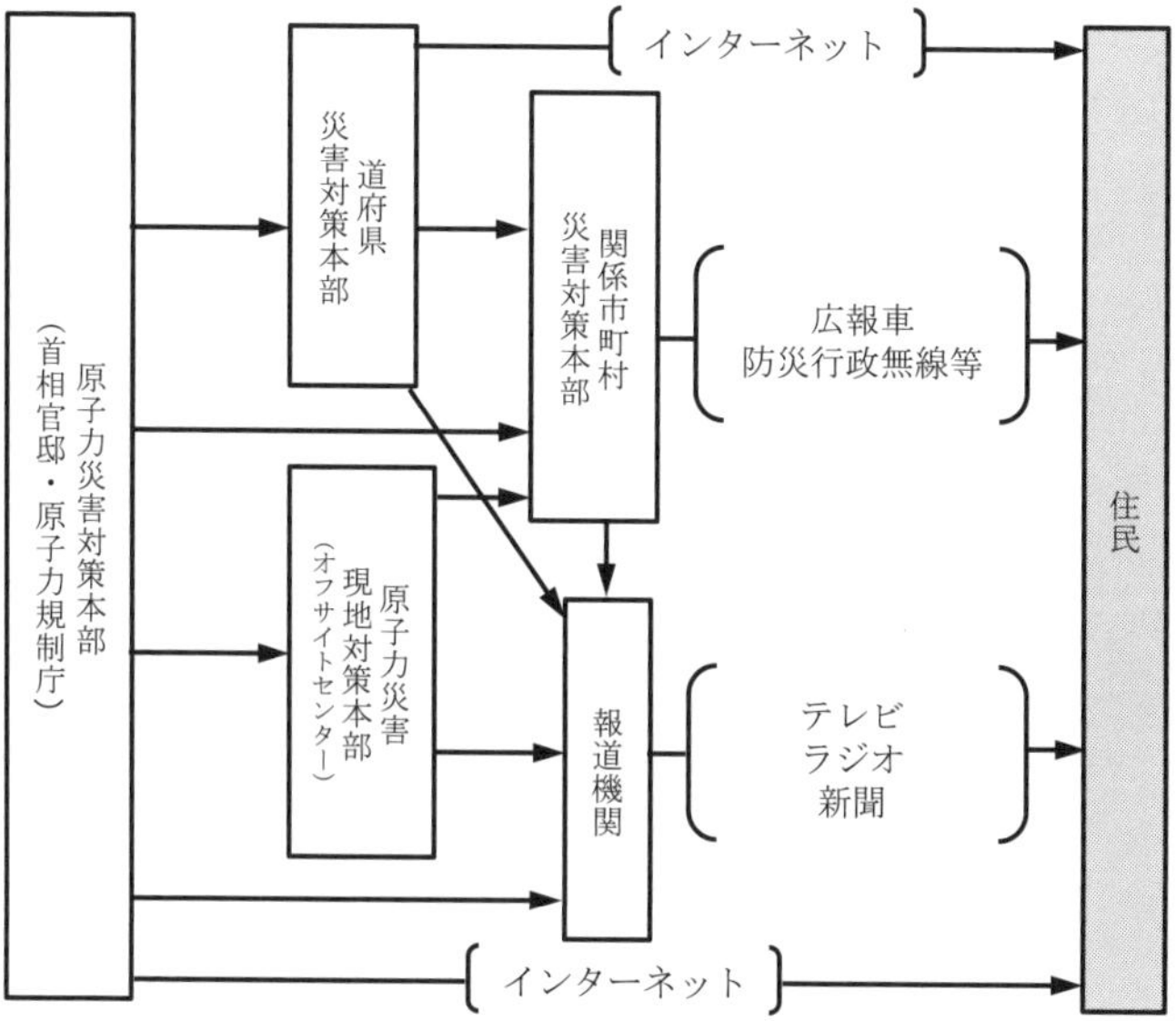

指示は、国から関係道府県・市町村に伝達される。関係道府県・市町村は、防災行政無線、広報車などで住民に伝達する。また国はマスメディア、インターネットを通じて伝達する」とあり、図15のような「情報イメージ」とする流れが示されている。

法的には避難（あるいは状況により屋内退避）の指示や避難場所の指定等は市町村長の責務であるが、国からも、道府県からも住民に避難指示が伝えられるかのようなルートが記述されている。その手段もインターネット、マスメディア、広報車や防災行政無線などさまざまである。

住民の立場からみれば、国から直

接インターネットで指示が来るかもしれないし、市町村の広報車や防災行政無線で指示が来るかもしれない。道府県の災害対策本部からインターネットで指示が来るというルートも例示されている。それらの時間的順序は、その時の状況によって不定である。避難に関する情報や指示は時間の経過とともに変化すると思われるが、受け取る側からみれば、伝達ルートの違いや時間差によって相互に矛盾した情報や指示が伝えられる可能性も少なくない。そのような場合はどのように判断すればよいのだろうか。

訓練時にエリアメールで配信されたある市の防災担当課からのメッセージの例を次に示す。「こちらは○○市です。原子力発電所の事故は全面緊急事態となりました。現在、放射性物質は外部へ漏れていません。発電所から五㎞圏内のＰＡＺの方は避難及び安定ヨウ素剤服用の指示が出ましたので、安定ヨウ素剤を服用し、自家用車等で避難を開始して下さい。自家用車で避難ができない方はバス避難集合場所に集合して下さい。その他の市内全ての地区の方は屋内退避を開始してください」という文章である。しかし「全面緊急事態となったが、放射性物質は漏れていない」なる文章は住民の立場ではどのように理解されるだろうか。また市内でＰＡＺ区域は「自家用車等で避難を開始して下さい」というが、このメッセージだけで数十〜一○○㎞も離れた避難先に向かって動き出せるだろうか。受入れ先の避難所が開設されているのかも不明であるし、避難退域時検査についても何も情報が提供されていない。

このエリアメールではUPZに対しては屋内退避の指示しかないが、放射性物質の放出があれば、その後の緊急時モニタリングの結果により「区域を特定して」避難指示あるいは一時移転指示が発出される。これは緊急時モニタリングの結果に基づいて国（原子力規制庁）が対象となる区域を道府県・市町村に指示し、実際の避難指示は市町村長が発出する。法的な手順でいえば、国（規制委員会）から住民に対して直接避難指示が発出されることはないが、図では国から直接インターネットで伝達されるかのようなルートも記述されており、きわめて曖昧かつ無責任である。

また安定ヨウ素剤の服用については、原子力規制委員会がその必要性を「判断」し、道府県・市町村が服用指示を発出するとされている。[注7] PAZに対しては薬剤は事前配布で服用指示の伝達、UPZに対しては緊急時配布と服用指示とされているが、限られた道府県・市町村の職員で、かつ放射性物質放出後の状況下でどのように配布できるのか見当もつかない。

発電事業者からの情報提供

電力事業者自体も実際に緊急事態が発生した場合、適切な情報発信ができるかどうかは疑問である。たとえば福島第一原発の三号機が爆発した直後のテレビ会議の記録[注8]によると「とりあえず仮想事故の四〇%の炉心損傷のモードで出します。四〇%、一〇〇%でいいんですね?」との発話(東電本店保安班)が記録されている。避難と被ばくの予測に際しては、炉心や格納容器の損傷の状況に応じて、どのような放射性核種が、いつ、どれだけ出てくるかを推定することが不可欠となる。その結果は退避を必要とする区域の設定に大きく影響する。しかし現場でさえ炉心の状況が把握できず「四〇%か一〇〇%か」などと担当者のその場の思いつきだけで条件を仮定せざるをえない状況であった。

避難する側の市町村からみれば「避難対象地域になるのかならないのか」「いつ動き出せばよいのか(あるいは屋内退避か)」「どのような防護措置が必要かなど」具体的な内容が次々と変転することになり、避難対象となる自治体では対応できない混乱に陥る。そのような混乱に対応しているよりも、市町村としては現実には全域避難を決断するであろう。

東電本店の発話でも「避難の要否の話になるから早く線量云々」「それ発信できるように早く準備して」等と、住民の避難対策に必要な情報の発信に努めていた様子が記録されている。しかし現場で最も防護されているはずの免振重要棟の室内でも放射線量率上昇や中性子の発生を観測するなど、現場関係者に直接的な生命の危険・行動能力の阻害が発現しかねない危険に晒されている混乱状態であった。「我々もテレビでしかわからない」という現場からの発話や、風向を「南西」すなわち海側と報告（本店）していたところ直後に正反対の「北東」の誤りと訂正するなど、外部に対して避難の適切な支援となるような情報は発信されなかった。

　東京電力ほか発電事業者は、福島原発事故を経て情報伝達体制の改善や訓練を繰り返しているると伝えられるが、住民の避難その他防護措置に必要な情報の伝達に関してはなお懸念が残る。東京電力柏崎刈羽原子力発電所では、二〇一九年六月一八日の山形県沖地震に関連して、地元自治体にファクスで原発の状況を速報した際に、実際には異常がないにもかかわらず「異常あり」と誤記するトラブルが発生している。未だにこのような初動段階のトラブルが発生するようでは、実際の緊急時に事業者からの適時・適切な情報提供が行われるのかきわめて疑問である。

要配慮者（自力での移動が困難な者・「Q&A」8関連）

　前出内閣府の資料では、ＰＡＺ圏（放射性物質の放出前の避難）では、要配慮者は「施設敷地緊急事態」で避難を開始するが、避難行動により健康リスクが高まる要配慮者は無理な避難行動は行わず、屋内退避して避難の準備が整った段階で避難するとしている。ＵＰＺ圏内についは屋内退避が原則という趣旨のためか何も記述はない。なおＰＡＺ圏内は放射性物質の放出前に避難することで被ばくを避ける趣旨であるが、要配慮者の残留があればその介助者も残留する必要があり、移動するとすれば放射性物質の放出後になる。

緊急事態に際して、学校や幼稚園・保育園の児童・生徒、高齢者施設・障害者施設等の入所者、医療施設の患者の一部は自力避難が困難であるため、バス等による集団輸送が必要となると考えられる。前述の内閣府の解説では避難の順序が記述されているだけで具体的な輸送手段には言及がない。このほか自動車あるいは運転免許のいずれかを所持していない（自由に利用できない）住民、障がいや加齢により自力での運転が困難であっても同乗を依頼する機会が得られない住民等に対しても、同様に集団輸送が必要となる。

学校・幼稚園・保育園の児童・生徒、高齢者施設・障害者施設等の入所者、医療施設の滞在者の一部は自力避難が困難であるため、バス等による集団輸送が必要となる。登校（園）中の乳幼児・児童・生徒は保護者引渡しが原則とされているものの、実際の状況では引渡し困難な児童・生徒が一定の割合で残存せざるをえないから、いずれにせよ学校・幼稚園・保育園の一箇所ごとに集団輸送が必要となる。図16は三〇㎞圏内でそれらの施設の存在状況[注9]を示すが、単純な集計では三三五三カ所に達し、図では判読が難しいほど多数の施設がある。

これに対して三〇㎞圏内および周辺自治体に登録されているバスの推定台数[注10]は表5のとお

図16　30km圏内の要配慮者対象施設

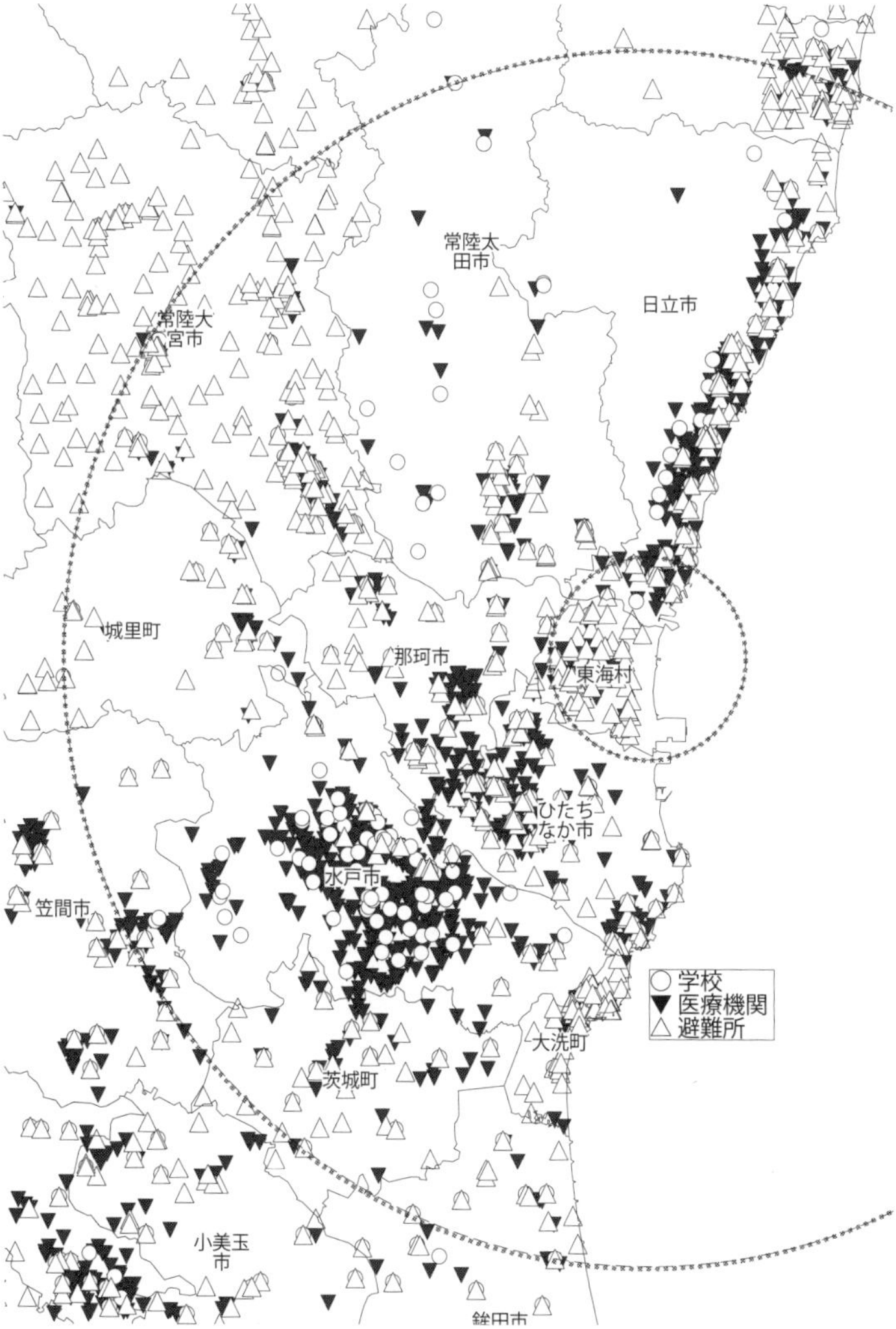

りである。しかし路線バスならば運行ダイヤに従って、また貸切バスならば個々の契約に応じて各地を走行しているため、避難が必要となった時に必要な場所に存在しているわけではない。またこれらの車両の大部分は福祉車両ではなく一般車両であり、座位を保てない状態の避難者（要支援者）が搭乗することはできない。無理に搭乗すれば福島原発事故で経験されたように避難経路上での重態化や死亡もありうる。

福祉施設等では各施設において個別にリフト付車両等を保有している場合があるが、施設内の全員の一斉移動に対応するような車両数は備えられていない。災害時要支援者は三〇km圏内で六万人に及ぶとみられるが移動手段は確保できていない。ストレッチャーなどを載せられる福祉車両を準備できるめどは立たず、自治体が指定する一時集合場所までも到達が難しい。小規模な施設においては職員の乗用車に相乗りする等の対応も考えられるが、輸送力の絶対的な不足は明らかであろう。集合場所から避難所へ移動するバスを調達する県の計画も白紙状態であるという。

報道機関のヒアリングによると、東海第二原発の三〇km圏の自治会地区の一つでは、住民約一九〇〇人のところ自治会が把握しているだけで要支援者は約三〇人おり、うち約二〇人は身近に手助けする人がいない。車両がなければリヤカーの利用まで検討しているが、リヤカー一台で要支援者宅と集合場所の一km前後を往復すると、一人につき一時間として全員で

表5　茨城県内のバス台数

30km圏内					自家用	貸切	路線
	自家用	貸切	路線	取手市	89	15	414
東海村	37	0	0	牛久市	66	0	0
日立市	145	123	486	つくば市	294	82	612
ひたちなか市	161	73	693	鹿嶋市	48	30	142
那珂市	58	20	0	潮来市	40	32	18
水戸市	244	242	1,626	守谷市	46	0	0
常陸太田市	72	60	85	筑西市	162	30	0
高萩市	33	2	199	坂東市	104	102	0
笠間市	37	17	65	稲敷市	65	39	56
常陸大宮市	94	35	59	かすみがうら市	44	0	0
鉾田市	94	74	76	桜川市	96	20	0
茨城町	46	24	0	神栖市	161	32	0
大洗町	26	0	0	行方市	66	6	0
城里町	30	45	0	つくばみらい市	42	48	0
30km圏内小計	1,077	715	3,289	小美玉市	86	0	0
その他県内				美浦村	45	50	0
土浦市	223	76	635	阿見町	51	15	0
古河市	181	102	127	河内町	65	0	0
石岡市	118	116	167	八千代町	53	35	0
結城市	73	9	0	五霞町	26	0	0
龍ケ崎市	99	56	437	境町	54	54	229
下妻市	67	97	72	利根町	0	0	0
常総市	125	128	181	その他県内小計	2,684	1,174	3,090
北茨城市	95	0	0				

二〇時間かかることになり困惑しているという。[注11]この行動のためには屋外に出なければならない。また単なる物理的な移動だけではなく、受入先の体制（福祉避難所等）が整っていなければ移動することができない。

なお台数はマイクロバス等の定員の少ない車両も集計されているので、一つの施設に対して複数台が必要となる可能性もある一方で、車両の定員に拘わらず一箇所に少なくとも一台は必要であるから、座席定員に満たなくても出発させるケースもありうる。前述のように移動距離は数十〜一〇〇km以上に及び、避難するということは圏外から再度入域することはできないのであるから、ピストン輸送（避難地区に再び戻る）等の余裕はないであろう。要支援者の移動には介助者が必要であり、所要の輸送力はこの点も考慮しなければならない。

なお車両があっても乗務員（車両ともに乗務員を派遣する場合）がいなければ運行できないが、乗務員の被ばくについては、一般公衆の年間被ばく限度の一mSvを適用してこれを超える業務には従事できないとの指針[注12]が国から出されている。参考までに、新潟県が実施した運転従事者に対するアンケートでは、住民の脱出や屋内待機中の住民に対する物資搬送に関して業務依頼があった場合でも約七割が「行かない」と回答している。[注13]

避難指示が発出されても、家庭の事情や避難所生活の不安、移動そのものが危険（常時介護が必要）など残留を希望する住民もあり課題は多い。電気・水道などライフライン途絶に加えて、生活用品・介助用品の不足や、介助者の派遣が困難など健常者に比べて深刻な影響をもたらす。東日本大震災時に際しての要支援者の避難に関する記録は多数あるが、報道から一例を示すと、茨城県つくば市の障害者自立支援団体では、県内の市町で生活する約三〇人の会員のうち避難所を利用した障害者はいなかったという。避難所に障害者の対応設備がない、必要な支援が受けられない、さらには「他の避難者に迷惑をかける」等の心理的抵抗もあったという。[注14]

屋内退避の困難性（「Q&A」9関連）

自然災害に起因して原子力緊急事態が発生した場合、住宅の破損によりUPZで屋内退避の継続が可能なのだろうか。居住に支障がない程度の破損であってもひび割れなどによって気密性が損なわれると遮へい機能が大きく低下する。「平成二八年熊本地震」（二〇一六年四月一四日）の状況を受け、内閣官房の原子力閣僚会議でも「複合災害も想定した避難・屋内退避の実効性向上に向けて」の検討を行っている。[注15]

しかしその資料を閲覧すると、たとえばUPZで屋内退避を行っていた場合、「地震等により家屋での滞在が困難となった場合には、指定緊急避難場所等の安全が確保できる場所に避難する。その後、原子力災害に関し全面緊急事態に至った場合、引き続き屋内での滞在が可能な場合には屋内退避を継続し、当該屋内退避中に余震等により被災が更に激しくなる等当該滞在が困難な場合には、各地方公共団体がUPZ内で別に指定する避難所やUPZ外の避難先へ速やかに移動する」となっている。しかしこれらは場合分けの列挙にすぎない。

図17は「防災科学技術研究所地震ハザードステーション」の資料[注16]より、東海第二原発周辺で「今後三〇年間に六％の確率で予測される震度」を示す。東日本大震災に際して、直接の震源であった海溝型地震に誘発されたとみられる内陸型地震が何百km も離れた日本の内陸各地で当日あるいは翌日以降に発生した。翌日の朝に起きた長野・新潟県境の栄村の地震（M六・七）や、富士山直下で起きた地震（M六・四）では震央付近で震度六強を記録している。これらは既知の活断層ではなかった。国内にはまだ知られていない活断層が何千もあり、現在の地震学の知識では、どこにどんな誘発地震が起きるかは予測不能であるという。[注17]

UPZ圏では屋内退避を原則とすることになっているが、強い地震に起因して原子力緊急事態が発生した場合、熊本地震等の経験を参照すると、地震に起因する家屋の倒壊・損傷のために自宅での屋内退避が可能という前提を適用することはできない。さらに強い地震ではライフライン（水・電気）の途絶も予想される。原子力緊急事態がいつ解除されるかは予め予想できず、屋内退避が長期間に亘れば生活が困難になる。表6に「気象庁震度階級関連解説

図17　今後予測される地震動

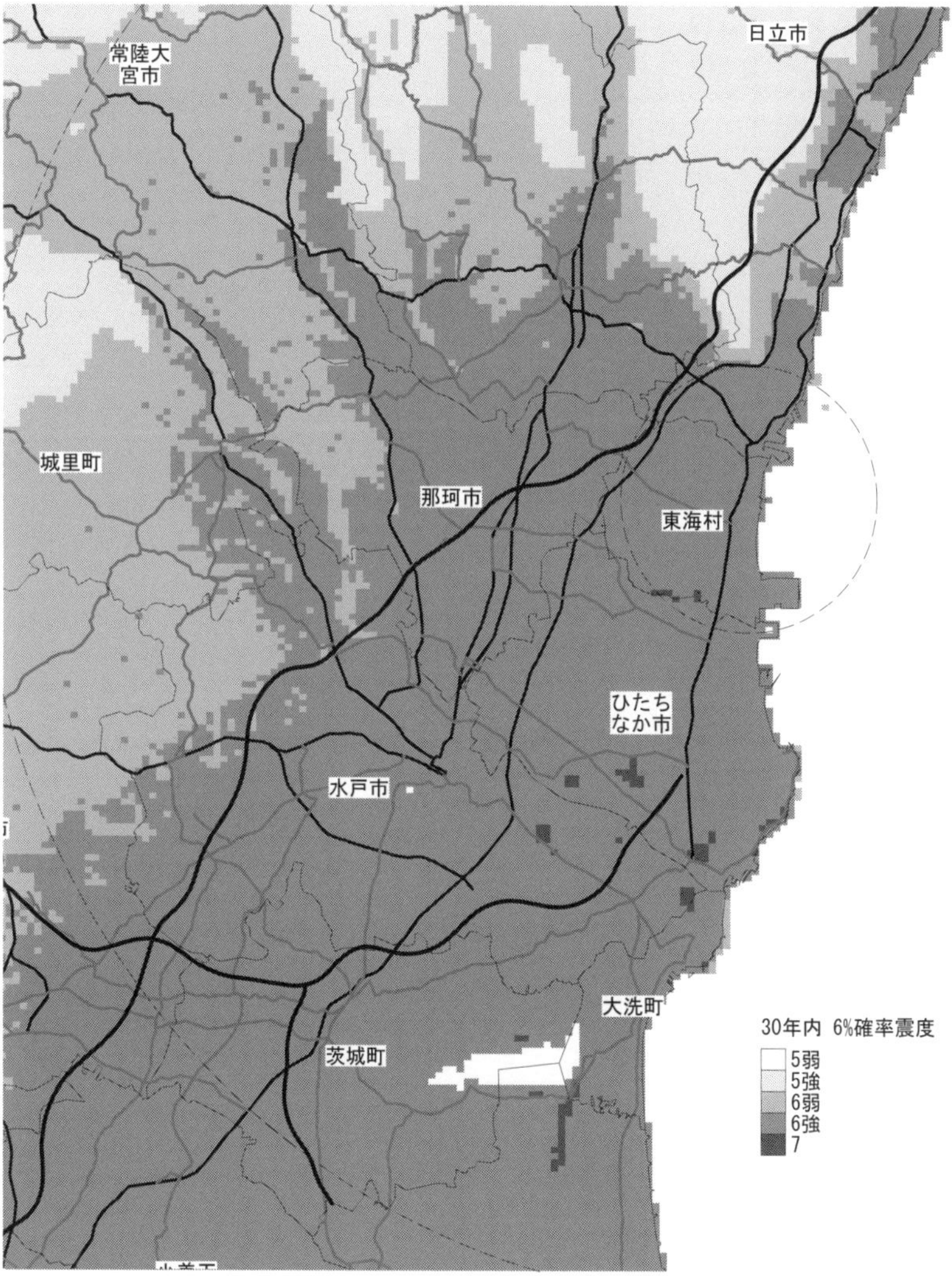

表」[注18]を引用する。同資料では「木造か非木造か」「築年が一九八一年（新耐震基準導入）以前か以降か」で損傷の程度が推定されている。

福島原発事故の直接の起因となった「平成二三年東北地方太平洋沖地震（東日本大震災）」以後、甚大な被害を生じた地震としては、「平成二八年熊本地震」（二〇一六年四月一四日）、「北海道胆振東部地震」（二〇一八年九月六日）などがある。福島原発事故では、津波の被害が甚大であったため原因の究明や対策に関しても津波に関心が偏った傾向があるが、これらの地震はいずれも内陸型である。国内に活断層が無数に存在し、かつ知られていない起震断層も存在すると考えられることから日本のいずれの地域でも発生する可能性がある。

熊本地震に関連してこれまでに得られた知見は次のような点である。第一に、活断層は全て把握されているわけではなく未知の活断層が存在すること、たとえば前述の東北地方太平洋沖地震に引き続いて同日深夜に発生した長野県・静岡県の内陸形地震でも活断層の存在は知られていなかった。第二に活動度が低いと評価されている活断層でも強い地震が発生する可能性があること、第三に活断層が動いた場合の動き方や被害の想定は困難であること、第四に本震と思われたものが実は前震であってより被害の大きい地震が後に続くなど改めて予測の困難性が指摘されたこと、第五に断層に沿った地域で家屋の倒壊が多数発生したこと等である。報道されたように、熊本地方では地震の影響だけでも生活必需品とりわけ水や食料

表6　気象庁震度階級関連解説表より

		耐震性が高い	耐震性が低い
木造建物	5弱	−	壁などに軽微なひび割れ・亀裂がみられることがある。
	5強	−	壁などにひび割れ・亀裂がみられることがある。
	6弱	壁などに軽微なひび割れ・亀裂がみられることがある。	壁などのひび割れ・亀裂が多くなる。壁などに大きなひび割れ・亀裂が入ることがある。瓦が落下したり、建物が傾いたりすることがある。倒れるものもある。
	6強	壁などにひび割れ・亀裂がみられることがある。	壁などに大きなひび割れ・亀裂が入るものが多くなる。傾くものや、倒れるものが多くなる。
	7	壁などのひび割れ・亀裂が多くなる。まれに傾くことがある。	傾くものや、倒れるものがさらに多くなる。
鉄筋コンクリート造建物	5強	−	壁、梁、柱などの部材に、ひび割れ・亀裂が入ることがある。
	6弱	壁、梁、柱などの部材に、ひび割れ・亀裂が入ることがある。	壁、梁、柱などの部材に、ひび割れ・亀裂が多くなる。
	6強	壁、梁、柱などの部材に、ひび割れ・亀裂が多くなる。	壁、梁、柱などの部材に、斜めやX状のひび割れ・亀裂がみられることがある。1階あるいは中間階の柱が崩れ、倒れるものがある。
	7	壁、梁、柱などの部材に、ひび割れ・亀裂がさらに多くなる。1階あるいは中間階が変形し、まれに傾くものがある。	壁、梁、柱などの部材に、斜めやX状のひび割れ・亀裂が多くなる。1階あるいは中間階の柱が崩れ、倒れるものが多くなる。

の途絶など住民に多大な困窮を生じたが、これに「放射線」による移動の制約が加わればほとんど対処不能な混乱が生じることは容易に予想される。

ＵＰＺは屋内退避が原則といっても、地震に起因した原子力緊急事態であれば家屋そのものの破損・倒壊等の危険性が考えられるとともに、水道・電気・ガス等ライフラインの途絶が起こりうる。気象庁震度階級関連解説表でも「震度五弱程度以上の揺れがあった地域では、断水、停電が発生することがある」「震度六強程度以上の揺れとなる地震があった場合には、広い地域で、ガス、水道、電気の供給が停止することがある」と記載されている。また道路の寸断等が発生しても放射性物質が放出された後の復旧作業は困難であり、外部からの救援・補給は困難となる。建物に多少の放射線遮蔽機能あるいは防護機能があったとしても、屋内退避が数日以上に亘れば、水・食料の欠乏などにより屋内退避自体が危険を生じる。

住宅土地統計[注19]よりＵＰＺ圏内の日立市・ひたちなか市・那珂市について集計すると、およそ四分の一の住宅が耐震性「低」に分類される。また避難先においても大規模災害時には、放射線の影響は免れたにしても自宅の損傷・倒壊等により避難所を必要とする住民が多数発生して当該市町村の避難所を利用するであろうから、その上に原子力災害避難者を受け入れることは困難である。

福島原発事故以後に、島根原発から四～七㎞の周辺住民を対象にアンケートを行った結果

図18　熊本地震後の熊本県益城町の状況

が報告されている。[注20] 事故が発生し屋内退避指示が出されたものとして、住民が現在家にある食料と飲料だけで外出せずに過ごせる最大の日数すなわち屋内退避に限界を感じる日数を回答した結果である。一週間以内に限界を迎える住民が八割程度占めている。なおこの限界日数は季節（気温）やライフラインの途絶状況によっても左右されると考えられるが調査ではその条件は設定されていない。

図18は、熊本地震後の熊本県益城町の衛星画像である。[注21] モノクロのため若干わかりにくいが、もともと瓦屋根として黒く見える部分が白く見えるのは、破損してシートがかけられている箇所であり、半数以上の家屋がこのような状態になっ

ている。かりに強い地震に伴って原子力災害が発生したとすると、屋内での居住が困難であるか、あるいは居住したとしても放射線の遮へい効果が失われた状態になると考えられる。屋根瓦が落ち仮設シートで覆った状態では放射線の遮へい効果が低下するとともに、防水が不十分となるから、屋根に沈着した放射性物質が漏水に伴って室内に侵入し、かえって被ばくが増加する影響も考えられる。

本来、屋内退避は放射性物質の放出後にプルーム（気体状）が通過する時期に屋内に留まることによって、屋外で行動するよりも相対的に被ばくを減らせるという前提で行う行動である。しかし事故の進展によっては、いつプルームの放出が収まるかは不明である。放射性物質の放出後に避難または一時移転の基準に該当すればいずれにせよ移動しなければならないが、屋内退避ののちいつ動き出せばよいかを誰がどのように判断し、住民に周知するのか、具体的に何も方策が提案されていない。

道路渋滞による避難時間への影響（「Q&A」10関連）

前述のように原子力緊急事態における避難の移動距離は一〇〇km以上にも及ぶため、他の自然災害と異なり、徒歩での移動は不可能であるから自動車の使用が不可欠となる。かり

図19　K～V式（交通密度と走行速度）の一例

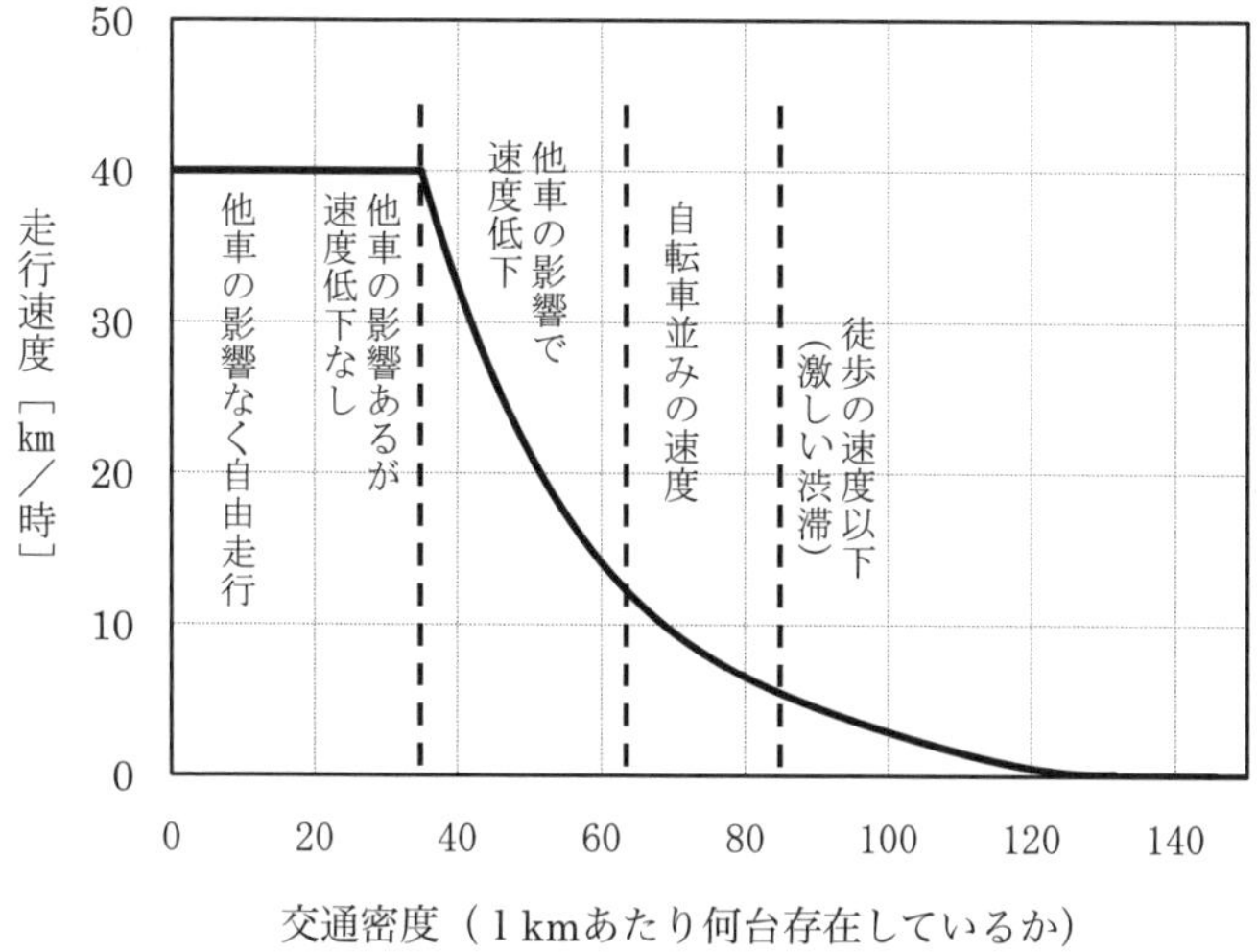

に住民の車両が整然と移動するとしても、実際には多大な困難が予想される。渋滞に関して内閣府の「Q＆A」は「円滑に住民避難が行われるよう交通対策を実施するなど地域に応じた取組を進める」としか述べていない。「指針」では三〇km圏内が一斉に移動するのではなく、放射性物質の放出後に区域を特定して避難あるいは一時移転することとなっているが、それでも平常時と異なる多数の自動車が特定の道路に集中して走行するため渋滞が予想される。

一般に「渋滞」とは多くの自動車が道路上に滞留して進行できない状態と理解されているが、交通密度と走行速度の関係は工学的に関係式（「K～V式」等という）が知られており、たとえば図19は避難時間シミュレーションで用いられるK〜V式の例である。[注22]一km・一車線あたり三五台程度までは他車の影響がほとんどなく自由に走行できる。時間あたりの通過台数であらわすと一四〇〇台である。次第に交通量が増えてくると、一km・一車線あたりに存在する台数が増える一方で速度の低下の影響が大きくなり、時間あたりの通過台数が次第に減る。一km・一車線あたり一〇〇台を超えると、車両は一杯に詰まっているがほとんど動かないので交通量としてはほとんどゼロになる。

この式では一kmあたり約九〇台の車両が走行するとおおむね時速数km／時以下の徒歩より遅い速度となり、さらに一一〇台の交通密度を当てはめれば（この範囲になるとあまり精度はないが）時速二km／時以下となる。しかもこの数値は信号や交差点の影響を考えない単一路における理論的な相関式であって、現実の道路上には交差点が存在し、加えて事故や燃料切れ放置など円滑な走行を妨げる要因が介在すれば走行速度はさらに低下する。福島原発事故に際しては、渋滞で動かない車列で焦燥に耐えられず車両を捨てて歩きだす人や燃料切れによる放置と思われる車両も観察された。[注23]なおこの台数は乗用車相当であり、大型車は一台で乗用車一・五〜二台分の長さを占める。

福島原発事故では避難指示の範囲が三km・一〇km・三〇kmと漸進的に拡大され混乱を招いた面があったが、交通の側面からみると結果的に屋内退避を併用しつつ段階的な避難が実施

図20　避難車両の衛星写真（福島原発事故）

された状態に相当する。[注24] しかし地震翌日の二〇一一年三月一二日朝には、すでに原発周辺の自治体から福島県内陸部（福島市・郡山市など）へ向かう道路に前後を接して車が滞留している様子が観察されている。例として県道小野富岡線（県道三六号）の富岡町夜ノ森地区の二〇一一年三月一二日九時の衛星写真[注25]を図20に示す。この区間は道路交通センサス[注26]によると通常時はピーク時でも一分間に数台程度の交通量であるが、地域の車両が一斉に動き出すとこのような異常な車列が出現する。

一斉避難（PAZ）であれ区域指定避難（UPZ）であれ、動きだす車両の台数は、一台あたり何人乗車するかにより大きく影響される。その設定について前述「ガイダンス」によれば「地域の車両保有状況、時間帯等により乗り合わせの状況が異なることが想定されるため、地域の状況に応じて世帯数、自動車保有台数等を参考に想定する」という抽象的な記述しかない。これまで実施されたシミュレーションでは一台あたり二・五人前後、あるいは一世帯で一台の割合と想定している例が多い（双方とも概ね同じ台数となる）。

かりに東海第二の三〇km圏内で一世帯に一台の自動車が動き出すとして、三〇km圏内の道路総延長は二車線（片側）道路が三七四km、一車線が二二四一kmである。避難であっても上下車線を両方占有するわけにはゆかない。内閣府の解説にもあるとおり、燃料や緊急物資の搬送、事故収束や道路復旧のための作業車、その他緊急自動車のために片方向は開ける必要がある。あまり自慢にもならないが、以前に台湾で避難に関する講演を依頼された際に図20のような道路の車列の写真を紹介したところ「日本人は緊急事態でも秩序正しいが台湾では無理」と驚かれたことがあった。

いずれにしても茨城県に関して、避難に利用可能と思われる主な道路に、交差点・勾配・曲線など通行の抵抗になる要因は無視して単純に一世帯一台の自動車（約三八万台）を並べただけで、交通密度は一kmあたり一三〇台近くなり、ほとんど車列が動かない状態になると考えられる。ここで一斉避難でなく区域を特定した避難としても、事情はあまり変わらないのではないか。愛媛県伊方町の佐田岬上に立地する四国電力伊方発電所のような特殊ケースを別とすると、多くの日本の原発は海沿いにあり、避難経路はある区域から最短距離で原発から遠ざかるように、おおむね半径方向の幹線道路に沿って放射状に移動する方向に設定されているはずである。

その一部のセクター（例えばおおむね四五度の扇型とすれば陸地部の全体の四分の一）を抜き出して考えると、移動すべき車両数が四分の一になればそれらの移動に使用する道路容量もおおむね四分の一となるから相対的には同じ傾向になると思われる。しかもある区域がＯＩＬ１（空間線量率が五〇〇μSv／時）またはＯＩＬ２（同二〇μSv／時）に該当した場合には、そこより原発に近い側ではより高い線量が観測されている可能性が高く、他の市町村から同じ方向・経路で移動する車両が避難経路上で錯綜するであろう。しかもこの間、事故の進展に応じて別の避難区域が避難対象となりさらに同程度の台数が加わる等の事態になれば、さらに移動台数は増加する。

たとえば水戸市中心部付近が避難区域となった場合、五万八三〇〇人（二万九一〇〇世帯）が古河市・結城市・下妻市・常総市・つくば市など茨城県の南西部に向かって動き出すことになる。現時点でどの避難元（小学校区）がどの避難先（市町村）に向かうかの詳細な割り当ては不明であるが、これらの車両（一世帯一台とすると二万九一〇〇台）が一斉に六〇〜七〇㎞の距離を走行することになる。水戸市中心部付近からの避難では、多くが水戸インターチェンジから常磐道を利用する計画になっているが、かりに各々の車両が、他の車両の支障なく整然と走行したとしても、平均走行速度は時速数㎞ていどの低速となる。高速道路であっても、信号や交差点がないなど一般道路に対して有利な面はあるが、道路容量を超えた車両が前後を接するほど流入すれば、渋滞する結果は同じである。

交差点その他ボトルネック部での誘導

二〇一九年九月九日から台風一五号の影響により首都圏の広範囲で停電が発生した。これは台風が原因であったが、大規模な自然災害では広範囲で停電が発生することが予想される。その影響の一つに道路交差点の信号消灯が挙げられる。前述の台風一五号による広域停電では、千葉県内で一六〇〇基の信号機が消灯したが、警察官の配置ができなかった交差点で渋滞や事故が発生した。北海道胆振東部地震（二〇一八年九月）では、道内で常設の緊急電源装置を備えていた約二〇〇基を除く約一万二八〇〇基の信号機が消灯した。

警察庁の調査によると、災害時に主要な交通路となる全国の交差点の一万八五一四箇所のうち、常設の緊急電源装置の設置は九七三〇箇所（二〇一九年三月現在）にとどまっているという。[注27] 一方で愛媛県伊方発電所を対象とした避難時間推計では、渋滞のボトルネックとなる交差点に対して警察官の交通誘導の有無による避難時間の違いを比較したところ、ＵＰＺ圏内からＵＰＺ圏外への避難時間について、誘導なしの場合に七時間四五分であったところ、誘導ありの場合は六時間四五分に短縮されたとの検討結果が示されている。[注28] このことは逆に警察官の適切な誘導がなければ避難時間が延びることを示唆している。

もっともこの愛媛県資料では「現場の状況を踏まえたインテリジェントな交通誘導が可能な警察官を配置」と記述されている。愛媛県警あるいは他の道府県警であっても「インテリジェントな交通誘導が可能な警察官」が存在するのであろうか。

渋滞以上に時間のかかる要因

道路の渋滞以上に非現実的な時間がかかると予想されるのは避難退域時検査（スクリーニングと呼ぶ場合もある）である。避難退域時検査とは、ＵＰＺから避難者が脱出する際、すなわち放射性物質放出後の移動に際して、避難者が衣服や持ち物に付着した放射性物質を吸入あるいは経口で摂取したり皮膚から被ばくする可能性を低減させ、また汚染の避難区域外への拡散防止のために行う手順である。原子力規制庁では「原子力災害時における避難退域時検査及び簡易除染マニュアル[注29]」を策定している。

ＰＡＺに避難退域時検査の手順が記述されていないのは、ＰＡＺは放射性物質が放出されない段階で避難することが原則とされているためであるが、事象の進展によってはＰＡＺ退避中に放射性物質の放出が始まる可能性があり、ＰＡＺ内から直ちに移動させることが困難な要支援者などがいったん屋内退避した後、状況の変化に応じて動き出すケースもありうる。これらに関しては国の資料でも明確な記述はない。避難退域時検査の内容は、避難者の衣服・持物と乗車車両である。人（衣服）あるいは物体の表面汚染密度をベータ線として測定する機器を使用して、人体は頭部・手・靴底等を測定し、車両はタイヤを測定する。いずれもゲート状の自動測定器で行うこともできる。国の基準では四〇〇〇cpm[注30]以下は通過させるとしている。

もともと人に対する放射線防護の目的で行う手順であるから各人（衣服・持物）に対して測定しなければならないが、膨大な時間がかかることが予想されたため、まず車両に対する検査で基準値以下ならば通過させ、基準を超えた車両の乗員に対しては「代表者検査」を行い、同じく基準値以下ならば通過させる等の段階的手順が定められることとなった。車両が基準以下でも乗車人員が基準以下という保証はない（汚染レベルの高い人が後から乗車した場合など）が、これに対しては国の資料では何も記述がない。

避難時間の観点からは、どこに避難退域時検査所を設けるかが問題となる。指針では「避難退域時検査及び簡易除染は避難及び一時移転の迅速性を損なわないよう留意する」[注31]となっている。規制庁マニュアルでは「避難所等まで移動する経路に面する場所又はその周辺」「検査場所から避難所等までの移動が容易」「検査及び簡易除染の実施に必要な面積が確保できる敷地」「資機材の緊急配備、要員の参集が容易」などとなっているが、これも現実性がない。UPZの避難は放射性物質の放出後にモニタリングの結果に基づいて国（規制委員会）が指定することとなっているのであるから、避難退域時検査所をどこに開設すべきかは事態が進展しないと特定できない。

このためあらかじめ「候補地」を選定しておいて、避難元の区域が指定されたらそれに応じていずれかに開設することになる。しかし避難者がすでに動き出している状況下で、資機材の緊急配備や要員の参集が迅速に行えるのかは疑問である。一般には主要な避難路の三〇km境界線付近に設置されると考えられるが、三〇km境界線を横切る避難経路は多数存在するので、そのすべてに避難退域時検査所を設けて資機材・人員を配置することは困難であろう。

人と車両の検査そのものに必要なスペース（レーン）のほか、基準を超えた人と車両の簡易除染のためのスペースも必要である。さらに実際に一万台単位の車両が集中した場合、あるいは一台あたり数十人が搭乗したバスが次々と到着した場合などの待機スペース、簡易除染でも基準値を下回らない避難者の持ち物や車両の預かり場所など、さまざまな条件を求められるので、どの県でもその候補地の選定には苦慮している段階である。

たとえば東海第二原発の事故で水戸市中心部付近が避難区域となった場合、五万八三〇〇人（二万九一〇〇世帯）が古河市・結城市・下妻市・常総市・つくば市など茨城県の南西部に向かって動き出すことになる。現時点でどの避難元（小学校区）がどの避難先（市町村）に向かうかの詳細な割り当ては不明であるが、主要な避難路の三〇㎞境界線付近で適切な退域時検査所を設置可能な場所は限られている。また水戸市中心部付近からの避難では、多くが水戸インターチェンジから常磐道を利用する計画になっている。かりに市内からこの経路に乗ってしまった場合、退域時検査所を経由するためにいずれかで高速道路を降りて再度合流するのであろうか。

内閣府避難時間推計ガイダンスによれば、退域検査所における処理能力は乗用車の場合、一台あたり三分と想定している。たとえば二万九一〇〇台（一世帯一台として）が動き出すとして、退域時検査所を二箇所開設し、各々三レーンが設置されるとしても、二四〇時間という非現実的な時間を要する。水・食料・トイレの対応はどうするのであろうか。さらに退域時検査所への進入・進出時間等は考慮されていない。場所的には、検査レーンを三レーン設けるとこれに一五〇〇㎡を要する。さらに簡易除染場で二〇〇㎡、基準を下回らない車両等の一時保管場所を二五〇〇㎡等と仮定すると、こうした面積が取れる施設を必要な場所に見出すことは難しい。

なお本書で取り上げた茨城県広域避難計画では現在のところ避難退域時検査所について具体的な記載がない。宮城県の広域避難計画では高速道路のパーキングエリアを避難退域時検査所の候補地としている例もあるが、[注32] スペース的にとうてい対応できず、むしろその前後で渋滞を引き起こす要因となるであろう。

避難路は使えるか（「Q＆A」11関連）

内閣府の「Q＆A」では、複合災害により道路等が通行不能となった場合に備えて避難経路を複数設定したり、被災した道路等の復旧や代替経路などの対策を用意するとしている。原子力緊急事態は、テロや航空機墜落など人為的なものを除けば、主に地震・津波など大規模自然災害に起因して発生する可能性が高い。風水害のみでは原子力緊急事態に直結する可能性は低いと考えられる一方で、地震・津波は原発自体に物理的な破壊力を及ぼすとともに、実際に避難が必要になった場合に道路の損傷によって予定された避難経路が通行できなくなる支障をもたらす。また主要な避難経路だけでなく自宅から最終避難所までのルートのうちいずれか一箇所でも自動車の通行不能箇所が存在すれば、大幅な迂回を余儀なくさせられたり、さらには主要な避難経路そのものが利用できない事態が生じる。

東日本大震災では集落内の生活道路にも多くの損傷が報告されている。このような集落内の生活道路は啓開（仮復旧）するにしても数が多く優先順位が低いと考えられる。同じ損傷状況に対してもバス等の大型車はその重量や大きさの点から乗用車よりさらに通行に制約がある。

茨城県・市町村の広域避難計画[注33]においては前述のように避難元ごとに避難先が割り当てられ、代表経路が示されている。

東海村の例では村内の地区ごとに常磐道（高速道路）に至るまでの経路が記述されているが、これは地元で車を使用している人の多くは特に指定されなくても知っているであろうし、途中の経路が渋滞あるいは通行困難等があれば迂回路も念頭にあると思われる。東海村は最終的に取手市・守谷市・つくばみらい市に向かうため常磐道に進入する必要があり、地区ごとの経路の違いは単に進入インターの相違だけである。

東日本大震災の記録[注34]によると、東日本大震災では震源から比較的遠かった茨城県内でも図21のように多くの道路で通行支障が発生している。×マークは橋梁の損傷などによる通行止め、太い線は一時的にせよ通行の支障が生じたルートを示す。内閣府の「Q&A」では「被災した道路等の復旧や代替経路などの対策」というが、復旧作業が行えるのは、事故発

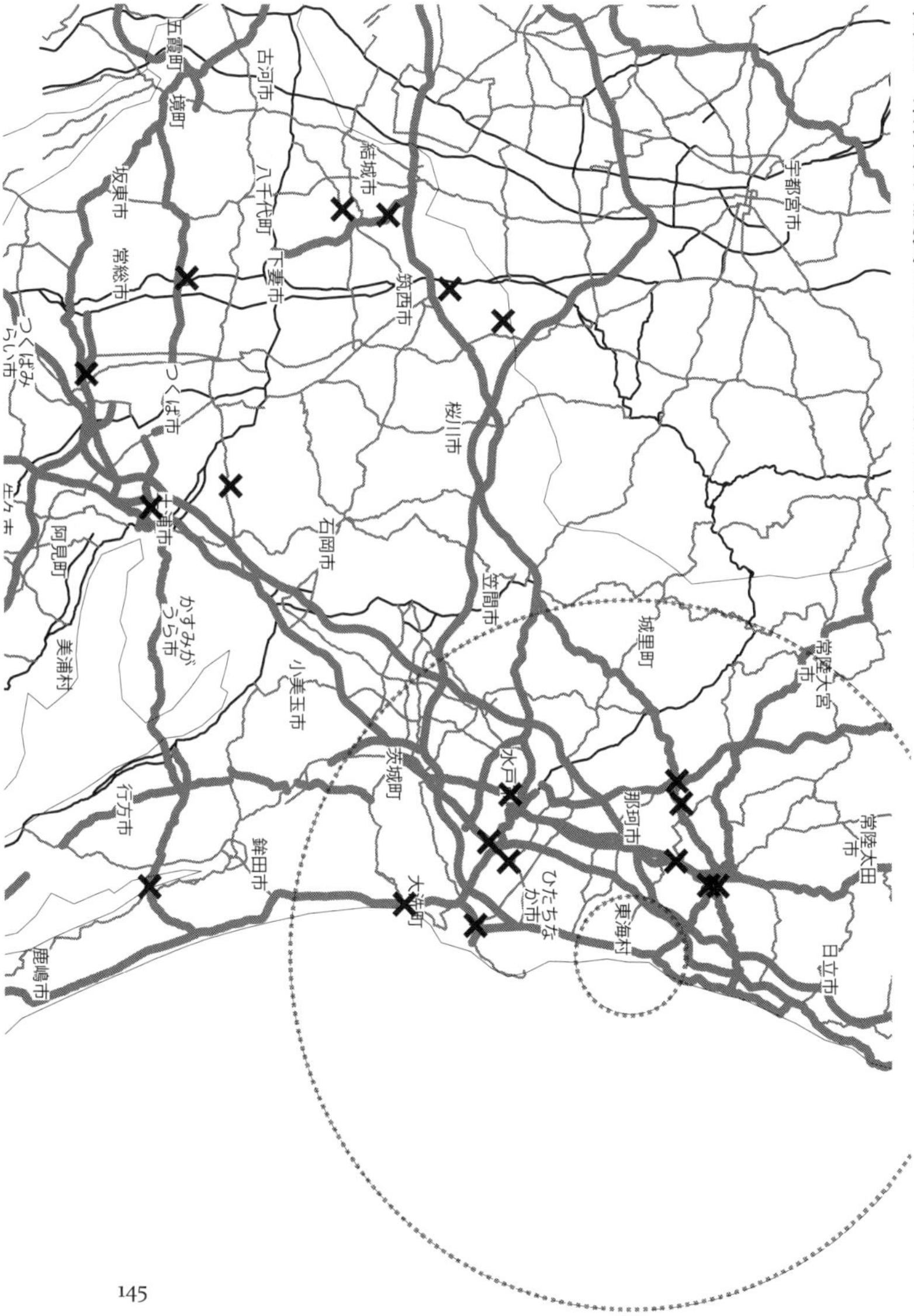

図21　東日本大震災における道路の支障箇所

図22　常磐道の損傷

図23　電柱や建築物の倒壊

生から放射性物質の放出前（おおむねPAZ避難中）に限られる。

また同記録から被害事例の図22（写真）を示す。これらの被災箇所の中には、比較的早期に啓開（仮復旧）された箇所もあるものの、原子力緊急事態における避難は時間単位・日単位の移動が求められるから、初期の被災だけでも避難の重大な支障になるであろう。

また路面や橋梁の構造的な破壊の他に、複合災害時には電柱の倒壊・沿道の建築物の倒壊などが起こりうる。また図23（写真）は電柱や建築物の倒壊による道路支障の例を示す。[注35]このような支障が一カ所でも発生すれば自動車による通行は不可能となる。

安定ヨウ素剤の配布（「Q＆A」12関連）

防護措置の一つとして「安定ヨウ素剤の服用」がある。前述のように安定ヨウ素剤は、放射性ヨウ素が呼吸や飲食物を通じて人体に取り込まれる前にヨウ素剤を服用することによって甲状腺への放射性ヨウ素の蓄積を防止するものである。ただし放射性ヨウ素以外の核種には効果がなく、適切な時期に服用しないと効果が乏しい。ヨウ素剤の配布・服用の方法について原子力規制委員会では「安定ヨウ素剤の配布・服用に関する解説書」[注36]を公表しているが、避難実態との整合性がない。内閣府の「Q＆A」では「PAZでは、安定ヨウ素剤を事前配布し、避難の際に服用の指示に基づき速やかに服用する。UPZでは、避難や一時移転等の防護措置を講ずる際に緊急配布を行い、服用の指示に基づき服用する。服用の指示は、原子力規制委員会が必要性を判断し、その上で、原子力災害対策本部又は地方公共団体が服用の指示を出す」となっている。

基本的にPAZでは住民に事前配布し市町村の指示により服用し、UPZでは避難や屋内退避の際に市町村から配布するとなっているが、その中でも多くの枝分かれしたパターンがある。たとえばＵＰＺで屋内退避指示となった場合において服用が必要となれば、事前配布をしていないのであるから「備蓄場所から各戸に防災車等で配布により配布ができるようにすることが望ましい」と解説書には記載されている。しかしヨウ素剤の服用には「時間」単位での即応体制が求められる。福島での避難実態にみられるように、避難所へ行くまでに町内渋滞で数時間もかかったり、災害時要援護者の移動に市町村の保有車両を動員しなければならなかったり等の制約の下で、配布すべき世帯数・市町村職員の数・防災車の台数等を考慮した場合、現実の災害時に実行可能とは思われない。

自動車燃料の制約（「Ｑ＆Ａ」13関連）

燃料の制約には二つの側面がある。第一は個々の車両において目的地に到達するには燃料が不足するとともに途中で容易に給油もできない点である。ことに原発災害避難では移動距離が一〇〇㎞を超えるケースがしばしばみられる。第二は避難経路の沿道の給油所（ガソリンスタンド）は日常の営業に必要な備蓄を有しているのみであって大量の避難車両に供給する燃料は備蓄されていない点である。

第一の点について、自動車の移動速度が低下するほど距離あたりの燃料消費率が増加する関係はよく知られているとおりである。自動車の走行速度と燃料消費率を整理した研究は多く存在し、一般には時速六〇km前後で円滑に走行している状態に対して、時速一〇km以下の低速走行になると距離あたりの燃料消費率は数倍あるいはそれ以上になると推定されている。関連の研究としては大口敬らによるものがよく引用されている。[注37]

条件によっても異なるがその中から代表的な数値を取ると、乗用車について平均速度が時速五kmのときのガソリン消費量は一kmあたり〇・三リットル、時速三kmのとき同じく〇・五リットル等と推定される。この数値は通常の乾燥路における値でカーエアコンを考慮していないが、カーエアコンを使用した場合、路面の降雪、スノータイヤ装着等の条件では燃料消費量はさらに増加する。東海第二原発の三〇km圏内は県北部で福島県に近く、気象条件は東北に近い。一方で福島原発事故は三月に発生したが、避難中の車内は暑くなり冷房の必要性を感じた（実際は燃料消費を怖れて我慢）との体験談もある。[注38]

表7　所要燃料の推定量

避難元	予想走行量 万台km	所要燃料 kℓ
東海村	59	294
日立市	263	1314
ひたちなか市	164	821
那珂市	50	251
水戸市	313	1563
常陸太田市	62	310
高萩市	27	135
笠間市	58	289
常陸大宮市	72	361
鉾田市	4	19
茨城町	32	160
大洗町	16	81
城里町	17	86

暖房はエンジンの廃熱を利用するため追加的な燃料消費はほとんどないが、冷房は走行とは別に冷房装置を駆動するエネルギーが必要となるため燃料消費が増加する。燃料の供給に制約がある状況では寒冷期だけでなく暑熱期もまた危険である。エアコンによる増加分は外気温やエアコンの設定等によりかなり異なるが、エアコン不使用時に対して五～二〇％増加[注39]等の報告がある。茨城県広域避難計画で想定されている三〇㎞圏内の避難元から各避難先までの車両の総走行距離と所要燃料の推定一覧を表7に示す。

第二にこのガソリン所要量に対して供給が可能かを検討する。東海第二に関して三〇㎞圏内の給油所は二四八箇所あるが、外部から追加の供給がない限り通常のガソリン保有量の備蓄合計は約五〇〇〇kℓ程度と考えられるが、そのすべてが避難経路上で利用できるとはかぎらない。いったん避難経路の車列に入ってしまった後は、途中で給油のために抜けて再度合流する等の行動は困難であろう。さらに通常の給油所は停電時には機能しない可能性が高いので大規模災害時には利用できない可能性がある。この点から考えても自動車による避難は、非現実的な時間を要するだけでなく燃料の制約からも不可能と思われる。他の原発の広域避難計画では緊急事態に備えて各自が常に自動車に燃料を補給することを呼びかけている事例があるが、およそ非現実的というべきである。なお消防法により個人（無届）での四〇リットル以上のガソリンの備蓄は禁止されている。

各地の広域避難計画では「平時から燃料について避難を実施できる程度の残量を確保するよう心がける」等と記述されている場合もあるが、およそ非現実的と言うべきである。なお内閣府の解説では「市町村からの物資の要請に対し都道府県や国が対応する。要請がない場合でも必要と判断された場合に国や都道府県は物資を被災地に送り込む（いわゆるプッシュ型支援）」などとなっているが、燃料は個々の車に届かなければ意味がなく、時間単位の行動が求められる避難においてどのように個々の車に燃料が届くのか全く見込みはない。

「段階的避難」の非現実性

内閣府は「原発事故時の避難シミュレーション」として五㎞圏（ＰＡＺ）の優先避難を奨励する動画を提供している。[注40] これは四国電力伊方発電所（愛媛県）を例に、原子力緊急事態が発生した際に、まず佐田岬半島および五㎞圏（ＰＡＺ）の住民は東方向の三〇㎞圏外に避難するが、五～三〇㎞圏の住民は動かずに屋内退避するとしている。次いで五～三〇㎞圏では、放射性物質が放出された後、線量率のモニタリングによって一定の基準（ＯＩＬ１または２）に該当した区域から避難あるいは一時移転する手順を示している。

佐田岬半島および五㎞圏の住民が優先的に避難した場合は、四時間で三〇㎞圏外に避難できるとの試算を示している。一方、五km圏と三〇km圏の住民が同時に避難を始めた場合は、渋滞箇所が増加して全体の避難が完了するには一八時間かかるとしている。この動画は伊方原発にかかわるいずれのシミュレーションのデータに基づくものか明示されていないが、「指針」改訂前に実施されたUPZ一斉避難を仮定した推計[注41]の結果と大差ない。屋内退避を原則として放射性物質の放出後にモニタリングにより区域を特定して避難する方式に変更したことによる避難時間の差異は大きくないようである。

同資料には「原子力災害対策重点区域における段階的避難の円滑な実施」として「道府県及び市町村は、避難等の防護措置が、原子力施設に近接した地域から段階的に行われる仕組みに従って、避難計画などを作成する」とある。原発に近いところほど危険性が高いから優先的に逃げるという考え方は一見すると妥当であるが、続いて「PAZ圏内の住民等に対して避難指示が出された際には、UPZ圏を含む市町村は、同時期に避難を開始して避難経路の交通渋滞を招くことを避けるなど、PAZ圏内の住民等が円滑に避難できるよう配慮すべきことについて、UPZ圏内の住民等に対し、あらかじめ理解を求める」との記述がある。

これを平易な言葉に直すと「PAZの住民等の避難を妨げないように、その外側のUPZ圏内の住民等は動かずに待て」という意味である。しかし現実にそのようなことが可能とは思われない。実際に「全面緊急事態」が発令されたとして、UPZあるいはそれより外に住んでいる住民の視点で考えた場合に、ＰＡＺの住民等が自家用車・バス等を連ねて一斉に脱出してくるのを目撃したとき「原発により近い人を先に逃がすためだから被ばくしても仕方がない」として屋内退避を続けることは現実問題として可能であろうか。しかも、大規模な自然災害に起因して原子力緊急事態が発生しているとすれば、電気や水道等のライフラインが途絶したり、ＵＰＺ圏外からの救援も困難な状況の下で、屋内退避を続けるように求めることは現実的でない。

住民の実感としても避難の実効性あるいは段階的避難の実現は困難と受け取られている。福井県の関西電力高浜発電所の再稼働に関して実施されたアンケート調査[注42]では「あなたが住んでいる自治体の避難計画で、住民は安全に避難できると思いますか」「あなたは『段階的避難』について知っていますか」「この『段階的避難』について、対象となる住民は計画通りに避難できると思いますか」との各設問に対して、高浜町及び周辺市町では計画通りできないと思うとの回答のほうが大きく上回っている。

人的リソースの不足

大規模災害時には、道府県・市町村とも各部門の職員が通常業務を中断して防災業務を支援するであろうし、正規職員だけでなく非常勤職員も参加するると思われる。しかしそれを考慮しても住民への情報伝達、避難誘導、安否確認、安定ヨウ素剤配布にかかわる道府県・市町村の人的資源の絶対数は明らかに足りない。ことに複合災害時には職員等は原子力災害対応のみに専念することもできない。近年、自治会（町内会）等による住民の自助・共助等も提言されるが、放射線が関与する災害では住民の自助・共助は義務化できないし限定的であろう。

参考までに、一九九九年九月の東海村ＪＣＯ事故では、避難対象者二六五名に対して当時の職員数は四五五名（うち消防吏員四九名）・消防団員数一八三名（いずれも当時）であり避難対象者より多いほどだったが、事故発生から避難指示・安否確認を経て村内施設への退避完了まで約一〇時間を要している。安否確認に回っても「自分はもう高齢だから放っておいてくれ」等の反応があり、説得してバスに乗ってもらうのに時間を要するなどの問題もあったという。しかも東海村ＪＣＯ事故は原子力の単独事故であり、複合災害への対応は必要なかった。

自治体の広域避難計画では、「避難搬送用バスには市職員を添乗させ広域避難所まで誘導する」などの例もみられるが、[注43]一台に一人添乗するとしても全職員がそれに従事するほどの数になり現実性に欠ける。必要な場所に職員をどのように配置するのかも問題であるが、道路上での自動車による移動時間などを別としても、情報伝達・一時集合場所の開設と管理運営・避難誘導・安否確認・ヨウ素剤配布等にどれほど時間を要するのか、そもそも実行可能

表8　防災に従事する市町村の人的リソース

	人口	全職員	防災担当職員	衛生担当職員	消防吏員	消防団員
水戸市	270,783	2,074	12	54	342	536
日立市	185,054	1,416	6	35	293	398
土浦市	140,804	982	3	34	183	520
古河市	140,946	882	17	31	0	399
石岡市	76,020	647	4	22	134	567
結城市	51,594	369	0	26	0	268
龍ケ崎市	78,342	442	10	21	0	516
下妻市	43,293	330	4	13	0	387
常総市	61,483	528	14	21	0	421
常陸太田市	52,294	596	4	18	88	892
高萩市	29,638	319	5	13	61	316
北茨城市	44,412	527	2	17	82	448
笠間市	76,739	699	2	30	130	665
取手市	106,570	795	5	30	162	533
牛久市	84,317	355	5	24	0	475
つくば市	226,963	1,861	6	55	333	1,074
ひたちなか市	155,689	893	11	29	0	385
鹿嶋市	67,879	441	4	22	0	749
潮来市	29,111	230	4	18	0	614
守谷市	64,753	353	2	29	0	224
常陸大宮市	42,587	489	0	23	80	1,041
那珂市	54,276	483	6	25	97	393
筑西市	104,573	932	7	77	0	825
坂東市	54,087	471	5	16	0	329
稲敷市	42,810	393	6	15	0	1,335
かすみがうら市	42,147	405	2	10	89	555
桜川市	42,632	387	4	14	0	557
神栖市	94,522	620	8	30	0	1,049
行方市	34,909	327	4	23	0	1,270
鉾田市	48,147	388	6	30	0	1,308
つくばみらい市	49,136	351	9	25	0	224
小美玉市	50,911	493	7	31	104	530
茨城町	32,921	306	3	11	51	295
大洗町	16,886	213	1	10	46	161
城里町	19,800	209	3	6	0	489
東海村	37,713	403	9	18	0	193
大子町	18,053	250	1	11	43	473
美浦村	15,842	162	0	11	0	263
阿見町	47,535	303	7	15	0	325
河内町	9,168	121	1	8	0	312
八千代町	22,021	183	4	8	0	191
五霞町	8,786	104	2	6	0	107
境町	24,517	231	0	14	0	169
利根町	16,313	167	0	7	0	186

なのか見当もつかない。

福島原発事故では避難元自治体はもとより避難先の受入側でも県・市町村職員が疲弊して業務の遂行が困難になった実態が報告されている。避難を機能させるため「少なくとも二班・二交代制にすることで職員の意欲を維持させる」「ロジスティクス（兵站）を十分に、職員用のガソリン・食料・宿泊場所の確保」が提案されているが[注44]、避難元・避難先でそのような体制が準備できるのかどうか疑問である。

表8は茨城県の市町村の防災担当の職員数・衛生担当職員（ヨウ素剤配布に関連すると思われる）・消防吏員数・消防団員数を示す[注45]。市町村によっては防災担当の専任職員がいない場合さえある。これでどうやって原子力災害に対応するのだろうか。消防団員はあくまでボランティアであり、被ばく環境下での活動を義務的に要請できるかどうかは疑問である。このほか地域の自治会（町内会・常会等の名称もある）の協力も求められるかもしれないが、いずれも被ばく環境下での協力を求めることは困難であろう。

住民の避難準備

昨今では自然災害に備えて「非常持ち出し用品」を用意している人は少なくないと思うが、

図24　避難準備に要する時間の想定

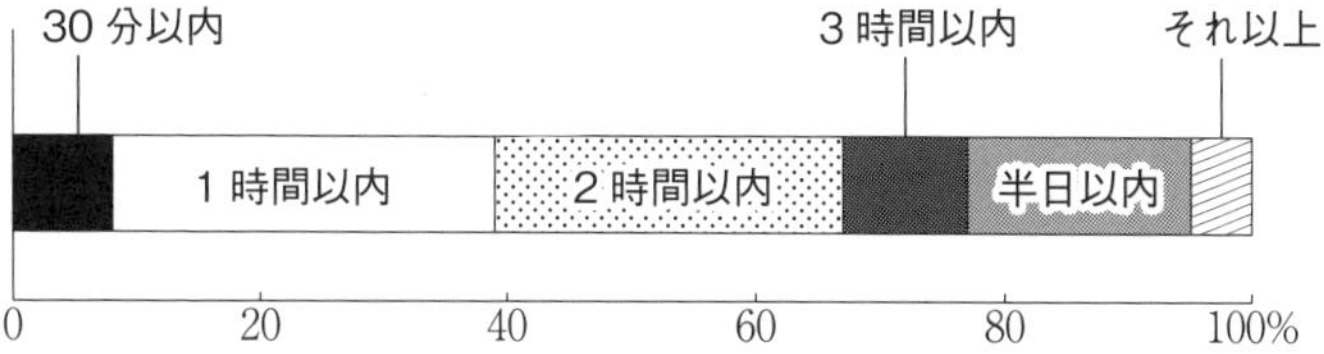

図25　避難準備に要する時間別にみた持ち出す荷物の量

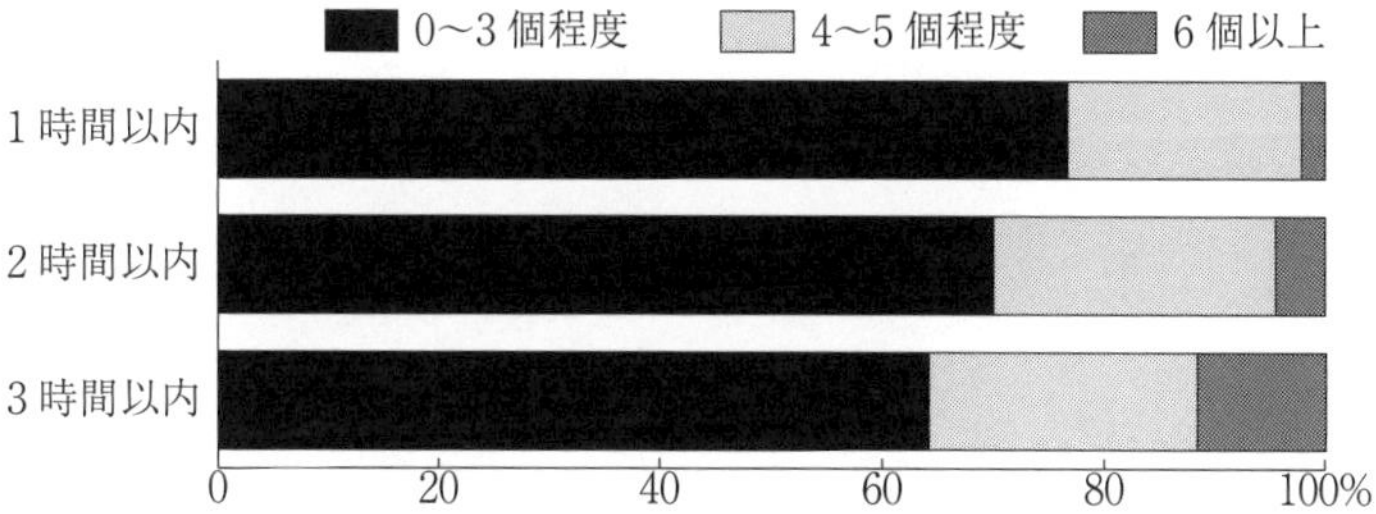

原子力災害に関する避難では自然災害に比べて特殊性がある。福島原発事故では、どのような避難形態・避難期間になるのか予想する情報が皆無のまま避難指示が発出され、なかには短期間で戻れると想定して着のみ着のままで避難したものの、そのまま長期間戻れないケースも発生した。このため福島原発事故以後には、長期間の避難を想定して準備することが通念になったと思われる。

福島原発事故以後に、島根原発から四〜七kmの周辺住民を対象にアンケートを行った結果を図24に示す。[注46]原発から二〇km圏外（当時の基準）へ避難すると想定して準備にどのくらいの時間がかかると想定するかを質問したところ、一時間以内と答えた人が三九％の一方で、三時間以上かかると答えた人が二三％にのぼるなどばらつきがみられ、時間がかかる結果となっている。また図25は避難準備に要する時間別にみた持ち出す荷物の量（旅行かばんまたは段ボール箱に換算した個数）を質問した結果である。準備に要する時間が長い住民は持出す荷物の量が多い。これより報告では、原発事故では長期的な避難を想定した住民は、日頃から非常用持出品を準備していても避難準備時間が短くなるとはいえないと指摘している。

なお調査では旅行かばんまたは段ボール箱に換算して〇～三個としているが、自家用車による避難ならば二個以上の荷物の携行は可能であるが、バス避難では一人で運ぶことができない、一時集合場所までは徒歩によらざるをえないなど制約が大きい。むしろ高齢者・障がい者など日常生活に制約を有する人ほど、自家用車が使えずバス避難によらざるをえない避難者が多いと考えられ、着のみ着のままでは避難生活に耐えられないため携行品も多くなる傾向がある。これは乳幼児を伴った避難で自家用車が使えない人についても同様である。

また複合災害の場合も対処は困難である。たとえば津波警報が発令された場合、海に近い場所では分単位で高台あるいは避難施設に移動することが推奨されている。警報が持続している間は自宅に戻ることができないが、その状態で原子力緊急事態が宣言されたらどうするのだろうか。

表９　避難の各段階における問題点概要

避難の各段階	予想される問題点
緊急事態発生・情報の取得	事業者（発電所）から適時・適切な情報が提供されるか。それを住民に迅速に周知する方法はあるか。
避難準備	福島原発事故の経験より避難は長期に及ぶことが認識される中、避難準備にどのくらい時間が必要か。
ヨウ素剤配布・服用	事前配布（ＰＡＺ）の場合、いつ服用すべきかどのように住民に伝達されるのか。緊急配布（ＵＰＺ）の場合、多数の対象者に現実に配布できるのか。
屋内退避の危険性	強い地震に伴って原子力緊急事態が発生した場合、家屋の破損等によって屋内退避が可能かどうかは疑わしい。ライフラインの途絶の可能性もある。
屋内退避と避難の判断	事故の進展によっては、いつプルームの放出が収まるかは不明である。いつ動き出せばよいかを誰がどのように判断し、住民に周知するのか。
屋内退避の長期化	屋内退避が長期化した場合、水・食料その他生活必需品の供給はどうなるのか。
一時集合場所（集団避難）	自家用車が使用できない避難者はいったん一時集合場所に向かうことになるが、そこまでどのように到達できるのか。その間は露天を移動することになり屋内退避の効果はない。
バス（集団避難）	バスの車両・乗務員が適時・適切に手配できるのか。
要支援者の避難先	障がい、介助の状態等により要支援者の避難先と移動手段は個々の条件に応じてマッチングする必要がある。要支援者の移動には介助者が同行する必要がある。
自宅から避難ルートまで（地域内道路）	複合災害の場合、道路の物理的損傷、電柱や家屋の倒壊で通行に支障があるのではないか。
児童・生徒引渡し	原則として保護者に引き渡すとされているが、保護者は家庭だけでなく仕事等で各所に滞在しており迅速に迎えに来られるとは限らない。集団輸送で対処する児童・生徒が一部残存することは避けられない。
避難経路（主要な避難経路）	渋滞が発生することは明らかであり多大な時間がかかる。また複合災害の場合、経路そのものが被災して通行に支障が生ずる可能性がある。経路上での食糧・水・トイレ等の提供が考慮されていない。
避難経路（地域内）	地域内の道路は一般に主要な道路よりも構造が脆弱であり複合災害時に利用できるか疑問。倒木・土砂崩壊・橋梁損傷などの可能性。
避難退域時検査所	避難経路で立ち寄ることになっているが具体的な計画はどうか。検査そのものに多大な時間がかかるとともに待機場所等も不足している。食糧・水・トイレ等の提供が考慮されていない。
避難所生活	避難所の環境が劣悪であることが予想され二次被害の可能性がある。
一時避難所・避難退域時検査所・最終避難所など避難関連施設自体の危険性	一時避難所・避難退域時検査所・最終避難所など避難関連施設自体の危険性が自然災害時の危険箇所に立地している。放射線防護施設でない施設もある。
総合的な被ばく量	ひとたび避難または一時移転が必要となる事態が発生すれば、避難あるいは一時移転したとしても被ばくは一般公衆の許容限度に収まらないことが推定される。

総合的な困難性と被ばく

原子力緊急事態における避難とは、被ばくを避けるために移動する行動であるが、原子力緊急事態の発生から避難退域時検査所を経て最終避難所に到達するまでの間の困難性を、各地での住民の視点からの検討を加えて改めて表9にまとめる。内閣府の「Q＆A」では「そう決めたからそうなるはず」という観点での記述しかなく、防災対策としては極めて無責任な内容である。各道府県・市町村の避難計画は未だ国の基準やガイドラインを引き写したレベルであり実効性に乏しい。

また避難時間の検討だけでなく、被ばくがどうなるかが重要である。水戸市中心部付近（UPZ）の避難区域を例にした場合、東海第二原発から約一四kmの位置にあり、福島原発事故でいえば同県楢葉町松館モニタリングポストの距離に相当する。当時観測された線量率をもとに、現在の避難方式ならばどのような被ばくが発生するかを推定する。

図26は、原発の風下側で、①UPZ屋内退避、②避難退域時検査所（東海第二原発から三〇km付近を想定）、③避難先（同七〇km付近を想定）の三カ所について、福島事故と同じパターンでヨウ素131の放出があった場合に、それを吸入した場合の内部被ばく量（緊急事態宣言か

図26　各位置での被ばく量の経時的変化

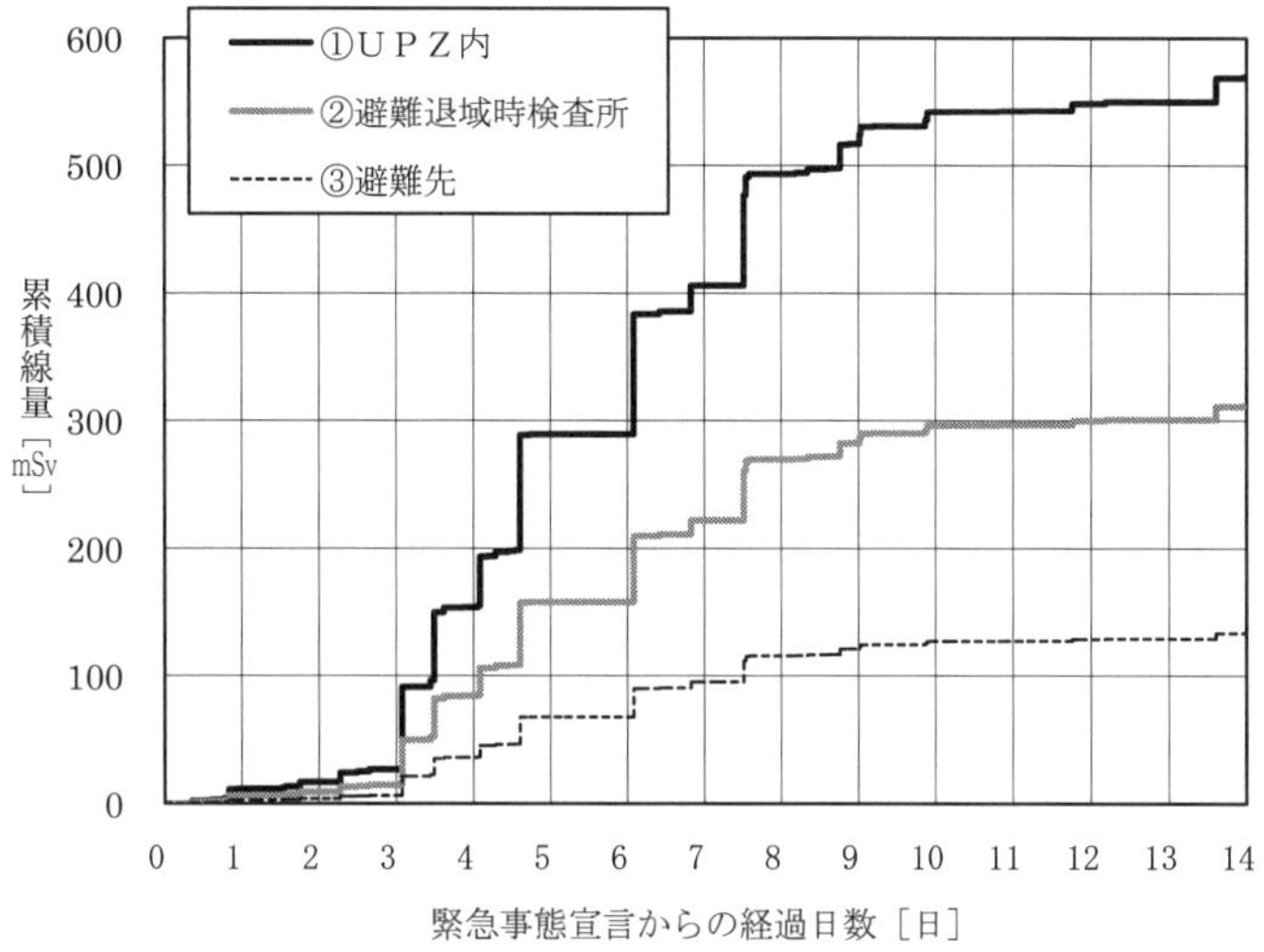

ら累積して）を推定した結果である。この数値は、気象条件や屋内退避の状況（建物の密閉度など）によって大きく変化するのであくまで一例であるが、相対的に原発からの距離によって被ばく量が大きく異なることを示している。

福島原発事故では緊急事態宣言から二〇時間ほどは平常時と変わらなかったが、図10に示すようにプルームの通過と思われる大きなピークが突然到来している。このケースに対しては屋内退避（密閉効果）と安定ヨウ素剤の服用により被ばくを低減できる可能性がある。ただしこれは結果論であって、実際に事故が発生した場合には、計画的なベントを除けば、いつプルームが到来するのか予測できない。すなわち安定ヨウ素剤の服用指示や、屋内退避の後にいつ移動すべきかの判断は事前にはできない。安定ヨウ素剤の服用は一回限りであり二回目以降のプルーム到来に対しては再配布はできない。また図9に示すように一週間以上経ってもなお予期しない放出が続いているが、これも事前に知ることはできない。UPZの区域を特定して避難あるいは一時移転の指示が出た場合、移動中にプルームが再び到来する可能性もある。

これらの検討から、渋滞により移動時間がかかっても、屋内退避をせずに緊急事態宣言とともに動き出したほうが総合的に被ばくを減らせるケースもありうる。すなわち「UPZではまず屋内退避、その後の状況により避難あるいは一時移転」という「指針」の想定は、プルームの到来が人為的なベントなどの予測可能な一回だけで、その後は収束に向かうという、楽観的な「旧安全神話」の範囲内でしか成立しないことに注意が必要である。

脚注

注1　内閣府原子力防災「よくある御質問」。https://www8.cao.go.jp/genshiryoku_bousai/faq/faq.html

注2　災害対策基本法では、高齢者・障害者・乳幼児その他の特に配慮を要する者を「要配慮者」としている。

注3　上岡直見『原発避難計画の検証　このままでは、住民の安全は保障できない』合同出版、二〇一

注4　四年。福島県「原子力災害に備える情報サイト」。なお現時点（二〇一九年一一月）で閲覧したところコンビニエンスストア・ガソリンスタンド・休憩できる場所・避難退域時検査場等は表示されない。https://routemap.evacuation-fukushima.jp/app/

注5　http://www3.nhk.or.jp/news/html/20131013/k10015251261000.html

注6　東京電力福島原子力発電所事故調査員会『国会事故調報告書（本編）』三五六〜三五八頁（CD―ROM）版、二〇一二年九月。

注7　原子力規制庁「安定ヨウ素剤の配布・服用にあたって」二〇一九年七月。https://www.nsr.go.jp/data/000024657.pdf

注8　福島原発事故記録チーム編『福島原発事故　東電テレビ会議四九時間の記録』岩波書店、二六四頁、二〇一三年九月。

注9　国土交通省「国土数値情報」医療機関・福祉施設・避難所・学校より。http://nlftp.mlit.go.jp/ksj/index.html

注10　（一社）自動車検査登録情報協会「市区町村別自動車保有車両数」より。

注11　「東海第二三〇キロ圏　避難時、要支援六万　自治会『リヤカー移動』も」『東京新聞』二〇一八年八月二一日。

注12　原子力防災会議連絡会議コアメンバー会議「共通課題についての対応方針」二〇一三年一〇月九日、五頁。http://www.kantei.go.jp/jp/singi/genshiryoku_bousai/kanji/dai02/sankou2.pdf

注13　新潟県防災局「原子力だより」二〇一六年一二月号。

注14　「災害弱者はどう乗り切ったのか」『常陽新聞』二〇一一年四月三日。

注15　内閣官房原子力関係閣僚会議（第八回）。https://www.cas.go.jp/jp/seisaku/genshiryoku_kakuryo_kaigi/dai8/gijisidai.html
注16　国立研究開発法人防災科学研究所「地震ハザードステーション」震源断層を特定した地震動予測地図。http://www.j-shis.bosai.go.jp/map/JSHIS2/download.html?lang=jp
注17　島村英紀『夕刊フジ』二〇一六年四月二九日、コラムその一四九「警戒せよ！生死を分ける地震の基礎知識」。http://shima3.fc2web.com/yuukanfuji-column149.htm
注18　気象庁「震度階級関連解説表」。https://www.jma.go.jp/jma/kishou/know/shindo/kaisetsu.html
注19　「住宅・土地統計調査」二〇一八年度。https://www.e-stat.go.jp/stat-search/files?page=1&toukei=00200522&tstat=000001127155
注20　岩佐卓弥・浅田純作・荒尾慎司・山根啓典・野崎康秀・片田敏孝「住民意識調査を利用した島根原発事故時の避難シミュレーション」土木学会第六七回年次学術講演会（二〇一二年九月）。
注21　Google Earthより二〇一六年四月三〇日の画像。
注22　三菱重工業株式会社「女川原子力発電所に係る緊急時防護措置区域の避難時間推計業務」報告書・添付資料Ⅰ「交通密度と仮想避難場所到達時間割合の変化」二〇一三年九月三〇日、及びその他の推計業務でも同様のK～V式が用いられている。
注23　相川祐里奈『避難弱者』東洋経済新報社、二〇一三年八月、一三三頁。
注24　（旧）原子力安全委員会施設等防災専門部会（第二三回会合）資料「原子力発電所に係る防災対策を重点的に充実すべき地域に関する考え方」二〇一一年一一月一日、一四頁。http://warp.da.ndl.go.jp/info:ndljp/pid/9483636/www.nsr.go.jp/archive/nsc/senmon/shidai/sisetubo/

sisetubo023/siryo1.pdf
注25　Google Earthより二〇一一年三月一二日九時の画像。
注26　国土交通省「平成二七年度　全国道路・街路交通情勢調査　一般交通量調査集計表」。http://www.mlit.go.jp/road/census/h27/index.html
注27　『朝日新聞』「信号機の停電対策、必要箇所の五二％どまり　費用が壁に」二〇二〇年一月三日。
注28　愛媛県原子力防災広域避難対策（避難時間推計）検討調査結果概要。https://www.pref.ehime.jp/h15550/documents/kouikihinankeikaku270615-6_siryo13-15.pdf
注29　原子力規制庁「原子力災害時における避難退域時検査及び簡易除染マニュアル」。https://www.nsr.go.jp/data/000119567.pdf
注30　ｃｐｍは「count per minites」で、一分間あたり何個の放射線を検出したかを示す。
注31　「指針」七三頁。
注32　宮城県原子力安全対策課資料二一―三、二〇一八年一二月二一日。
注33　茨城県「原子力災害に備えた茨城県広域避難計画」二〇一九年三月改訂。http://www.pref.ibaraki.jp/seikatsukankyo/gentai/kikaku/nuclear/bosai/documentshonbun.pdf
注34　茨城県「東日本大震災の記録誌」二〇一七年一〇月。http://www.pref.ibaraki.jp/seikatsukankyo/bousaikiki/bousai/kirokushi/kirokushihp.html
注35　著作権フリー画像「フォトライブラリー」より。https://www.photolibrary.jp/
注36　原子力規制委員会「安定ヨウ素剤の配布・服用に関する解説書」。http://www.nsr.go.jp/activity/bousai/iodine_tablet/
注37　大口敬・片倉正彦・谷口正明「都市部道路交通における自動車の二酸化炭素排出量推計モデル」

注38 『土木学会論文集』№六九五／Ⅳ―五四、二〇〇二年、一二五頁。
注39 北村俊郎「特別寄稿　原発事故の避難体験記」福島原発事故独立検証委員会「調査・検証報告書」二〇一二年三月、二一一頁。
注40 松浦賢「実走行燃費の特性」『ＪＡＭＡＧＡＺＩＮＥ』（一社）日本自動車工業会、二〇一三年六月、六頁。
注41 内閣府共通ストリーミング「原発事故時の避難シミュレーション」。http://www.cao.go.jp/lib_016/evacuationsim.html
注42 愛媛県原子力防災広域避難対策（避難時間推計）検討調査結果概要。https://www.pref.ehime.jp/h15550/documents/kouikihinannkeikaku270615-6_siryo13-15.pdf
注43 ＮＨＫ放送文化研究所世論調査報告書「高浜原発の再稼働に関する調査（二〇一五年一〇月）単純集計表」より。http://www.nhk.or.jp/bunken/research/yoron/pdf/20151017_1.pdf
注44 石巻市広域避難計画第６ウ「広域避難の方法」。
注45 「新潟県原子力災害時の避難方法に関する検証委員会」第五回次第・資料（二〇一八年一二月二五日）。https://www.pref.niigata.lg.jp/uploaded/attachment/38455.pdf
注46 総務省「地方公共団体定員管理関係（平成三〇年）」。https://www.soumu.go.jp/main_sosiki/jichi_gyousei/c-gyousei/teiin/191224data.html
茨城県「消防防災年報・防災ヘリコプター運航実績」各年版。http://www.pref.ibaraki.jp/seikatsukankyo/shobo/shobo/data/shobo_nenpo.html
注46 前出・注20

5　避難したあとどうなるのか

避難関連施設自体の危険性

避難時に必要な一時集合場所・避難退域時検査所・最終避難施設など、避難関連施設そのものの危険性にはいくつかの側面がある。まずこれら避難関連施設自体が自然災害により被災する可能性がある。図27は東海第二原発周辺について今後三〇年間に六%の確率で予想される地震の震度（前出）と避難所の位置を示すものである。

このほか図では省略するが、土砂災害危険箇所・土砂災害警戒区域・津波浸水想定・浸水予想区域など、避難関連施設が複合災害時に機能しない、もしくはその利用がかえって危険を増す可能性もある。また避難関連施設に対するライフラインが損傷する可能性もある。

いつまで「体育館に雑魚寝」なのか

次に避難関連施設の劣悪な環境による危険性が指摘される。日本では床に直接寝る行為に抵抗感が少ない慣習はあるが「平成三〇（二〇一八）年七月豪雨」の避難所で指摘されたように、猛暑の下にエアコンもなく体育館に密集して寝る状態は危険であり、海外の避難所と比

図27　避難所その他関連施設自体の危険要因

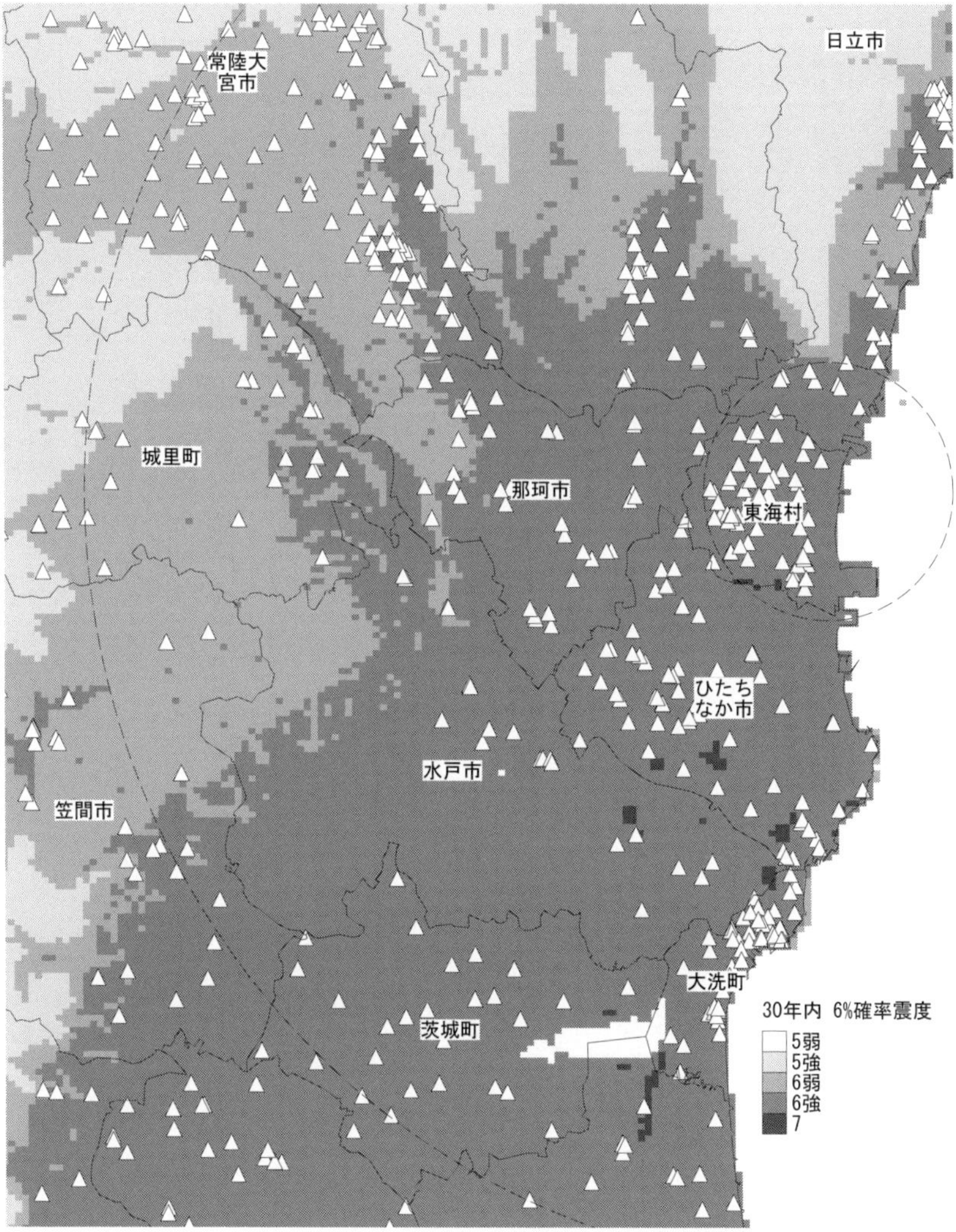

較して大きな差がある。なお同年七月一一日に安倍首相は被害の多かった岡山県倉敷市・真備町の体育館を視察したが、その前夜にそれまでなかったエアコンが急に設置されたという。[注1]

平成三〇年七月豪雨の直前、同五月にNHKで「避難所の女性トイレは男性の三倍必要～命を守る「スフィア基準」」の特集記事が発表されている。[注2] ひとまず安全が確保されるはずの避難所に関して「命を守る」との文言があるのは、避難所の環境が劣悪なために生じる災害関連死に注目しているからである。ここでも日本の避難所は難民キャンプ以下との指摘がある。「平成二八年熊本地震」（二〇一六年四月）では二一一人（二〇一八年四月現在）が「災害関連死」と認定され、建物の倒壊など地震の直接死者の五〇人に対してその四倍に達している。

「スフィア基準」とは、被災者が安定した状況で尊厳を持って生存かつ回復するために提供されるべき最低の基準を述べたものである。[注3] アフリカ・ルワンダの難民キャンプでの死者の発生を受けて国際赤十字社（赤新月社）などNGOが共同で作成した。その経緯からして途上国を念頭に置いた基準であり、先進国では当然達成されている基準と考えられるにもかかわらず、日本ではその基準に達しない状態が続いている。

たとえば避難所の一人あたりの面積は基準では三・三㎡となっているが、日本では一般に二㎡で計算され、中には一畳（一・六㎡）にも満たないケースもみられる。ホール等の固定椅子（横臥できない）の床面積を単純に割り算で計算しているケースもあった。トイレの設置などに関しても基準を下回っている。ダンボールによる仕切りの設置も次第に進められているが[注4]まだ「雑魚寝」の若干の改善のレベルにとどまっている。「被災者なのだから我慢すればいい」という発想が未だ根強いのではないか。

「平成三〇年七月豪雨」では広島県で一〇八人の死者が発生した。その中には避難指示が発出されていても避難しなかった人が多くあり、広島県の調査によると、土砂災害による死者の半数近くがもともと被害の想定されていた「土砂災害警戒区域」などで被災し、避難情報も行動に結びつかず「逃げ遅れ」が被害を拡大したと推定された。大雨特別警報が発令された七月六日一九時四〇分から、各市町が避難指示などを出し終えた二二時三〇分までに、避難所へ行った住民は対象者二一六万九六〇九人のうち五七八八人しかいなかったという。[注5]避難の遅れあるいは避難放棄の理由はいくつか考えられるが、避難所の環境が劣悪であることが周知の事実であるため、できれば避難所に行かずに済ませたいという心理が作用していると考えられる。この点から「行きたいと思う避難所を」の提案もある。[注6]

身体機能上の障がいだけでなく食物アレルギーへの対応の問題もある。東日本大震災でも問題となったがその後も大きな改善がなく、熊本地震（二〇一六年四月）・西日本水害（二〇一八年七月）・北海道胆振東部地震（二〇一八年九月）でも避難所にいる食物アレルギーの子どもたちが食べるものがない」との訴えが寄せられた。[注7]短期間であれば自宅の備蓄を利用できるが、長期化すると避難所での生活が困難となる。東日本大震災での反省から、国や都道府県でもアレルギー対応食の備蓄が行われているが現場の市町村では対応が十分ではないという。ある人は「避難所には親族が犠牲になったり、自宅が流されたりした人もいる。そうした状況の中で、アレルギー対応食はありますか?とは聞きづらい」と述べている。

熊本地震(二〇一六年四月)の際に避難所やその周辺で性被害が多発していたとの報告もある。[注8] 良識を欠いた加害者が一定の割合で存在することは、呼びかけや注意では防止できない。多数の世帯がプライバシーのない避難所で雑魚寝する状態は、問題が現実化する誘因となる。またそうした状態を予想して避難を躊躇することにより、派生的に被害を拡大する可能性もある。

物資は届くか(「Q&A」14関連)

人間の生活には最低限といえども衣・食(水)・住が必要である。発災直後は備蓄品の利用を主とするとしても、二〜三日以降は「避難」から「生活」の段階となる。この段階では救援物資・生活用品の配送や廃棄物の処理など、すなわち物の移動が大きな問題となってくる。さらに「生活」避難が長期化すると「居住」の段階となる。この段階では日常交通の手段、例えば自動車が利用できない人のための移動手段等が問題となる。

一方で原子力災害では「屋内退避」の問題が発生するため、自宅で待機する住民に対してどのように水や食料その他の生活必需品を配布するのかが問題となる。戸別に届けるのはまず不可能と考えられるから配布拠点を設ける方式になるであろうが、住民からみれば「屋内退避」しているのに物資を受け取るために屋外に出て行動することになる。

内閣府の「Q&A」では「市町村からの物資の要請に対し都道府県や国が対応する。要請がない場合でも必要と判断された場合に国や都道府県は物資を被災地に送り込む（いわゆるプッシュ型支援）」などとなっているが、物資は最終的に個人に届かなければ意味がない。

国土交通省によると、東日本大震災に際して重要な輸送道路の復旧率は震災翌日には九〇％に達し、被災地に通じる道路自体は、発災より数日で応急復旧されて緊急車両が通行可能となっていた。しかし救援物資が不足している地域や避難所に救援物資が届かないケースが発生した。これは現地側の問題であったと指摘されている。すなわち、必要な物資の情報が適切に共有されないことによる需要と供給のミスマッチ、一次集積場所の不足、雑多な形態（一つの箱に種類の異なる物品が梱包など）で届けられたことによる混乱などである。

岩手県宮古市（人口約五万六〇〇〇人）での救援物資の配送に関する事例が報告されている。[注9]盛岡市～宮古市間の国道一〇六号線は通行可能であった。県は救援物資の一次拠点を滝沢村（現・滝沢市）の「アピオ」に設置し、二次拠点を「新里トレーニングセンター」に設置した。

また米海軍第七艦隊は宮古市内の小山田地区に物資を揚陸した。これらの一次・二次および自衛隊・米軍による拠点までの供給は円滑に行われた。しかし二次拠点の「新里トレーニングセンター」に物資が滞留して満杯になり、津波による被災者への対応等に追われる中、物資の整理に手が回らず、発災から二週間経過してもなお末端への配送が停滞した。これに放射性物質の放出に伴う活動の制約が加わればさらなる困難に直面することになる。

避難後に始まる困難

原子力災害における避難は被ばくを避けることが目的ではあるが、単に避難先（避難所）に到達すればよいわけではない。事故が短期間で収束しない場合には、経過時間の長短はどうあれ、三〇km圏内の住民の一部あるいは全部は居住地域から退去しなければならない。また放射性物質の拡散は三〇km圏の境界線で止まるわけではないから、その周囲でも自発的に退去する住民が存在するであろう。放射性物質の放出に至らず事態が収束するケースを別とすれば、程度はともかく実際に放射性物質により汚染が生じるのであるから、事故そのものが収束した後も、居住地域に戻って事故前と同じ生活に復帰することは容易でない。むしろ避難における多くの困難はそこから始まると考えるべきである。

表10　避難生活に関する総合的調査の要約

応急仮設住宅の供与終了後の避難継続や帰還の状況	全国の都道府県に照会したところ、避難指示区域外避難者に対する応急仮設住宅の供与終了（2017年3月31日）後も県外避難者の79.0%が福島県外に居住し、一方、福島県へ帰還したのは17.1%であった。避難者の多くは、家賃負担が生じても福島県外に居住を継続している。
避難指示区域解除後の避難継続や帰還の状況	避難指示が解除された市町村や地域における震災時人口に占める現住人口の割合は2～25%程度であり、また、実際に帰還しているのは高齢者が中心との見方が多く、帰還は進んではいないものと思われる。
避難による住居形態の変化	避難により、持家率が半減（避難指示区域内は、避難前 62.6%→現在 31.6%、避難指示区域外は、避難前 49.6%→現在 24.6%）し、特に区域外避難者は自費による賃貸住宅が過半を占めるなど、居住形態の変化と家賃負担の増加が見られる。
就業形態の変化	避難により、正規の職員（役員.管理職を含む）や自営業者.家族従事者が減少し、パート.アルバイトを含む非正規職員や無職が増加した。区域内は無職が最多（避難前 18.6%→現在 50.0%）となり、区域外は非正規職員が最多（避難前 20.9%→現在 34.5%）となったが、区域内外の違いは、賠償金や住宅支援の有無が影響しているものと見られる。
収入・支出の変化	避難により、毎月の平均世帯収入は10.5万円減少した（避難前36.7万円→26.2万円）が、平均世帯支出は大きくは変化していない（避難前 26.2万円→26.0万円）。生活のやりくりは、勤労収入、預貯金、賠償金（区域内避難者）により行われている。
被ばくに関する不安意識	被ばくに関する将来の健康への影響に不安を持つ避難者が多数を占めており（不安 54.3%、不安でない 26.1%）、また結婚、出産など被ばくに関する差別・偏見が不安としている避難者も多い（不安 56.9%、不安でない 17.5%）。不安の割合は、いずれも区域外が区域内を上回っている。
児童生徒への影響	避難先で「友達がたくさんできた70.7%」、「学校が楽しい66.7%」と前向きな回答が多い一方で「学校になじめない12.2%」、「友達が少ない12.2%」との回答もあった。 将来の不安については、「進学・就職」について不安 37.4%、不安でない34.9%を上回り、質問した項目の中では不安意識が最も高い。 福島県への帰還者と避難継続者の不安意識を比較すると、「結婚・出産」の不安（帰還者 40.0%、避難継続者 19.4%）、「自分の健康」の不安（帰還者 46.7%、避難継続者 26.2%）であり、帰還者は、健康に関する不安意識が高いことがわかる

福島原発事故に関連する避難生活に関しては多くの報告があるが、一例として新潟県では東京電力柏崎刈羽原子力発電所を対象とした「原発事故に関する三つの検証」の一環として、健康と生活への影響の検証に関する「健康・生活委員会（生活分科会）[注10]」を設けて検討している。これはいずれの原発においても避難が発生すれば同様に起こりうる事態である。同分科会の現時点での取りまとめは検証総括委員会で報告されている。報告では「福島第一原発事故による避難生活の全体像について現時点で言えることは、避難区域内外において一部相違が認められるものの、総じて震災から六年半以上がたっても（第一回検証総括委員会報告時点）生活再建のめどがたたず、長引く避難生活に様々な『喪失』や『分断』が生じ、震災前の社会生活や人間関係などを取り戻すことが容易でないことがうかがいしれる」と総括している。いくつかの側面で抜粋すれば表10のとおりである。[注11]ことに被ばくに関しては、いかに「科学的に影響がない範囲」と言われても、推定被ばく量が避難前の日常生活に比べて桁ちがいの量に達しているところから、不安を抱くのは当然であろう。

避難の長期化

福島県による公式報告値では今も県内避難者一万〇五四〇人・県外避難者三万一一四八人

（二〇一九年一一月集計）[注12]が避難生活を送っている。政府が指定した避難区域（地点）から避難した人と、それ以外で個人の判断により避難した人がいるが、いずれも放射能の影響、特に子どもやこれから出産の可能性がある女性に及ぼす影響の懸念は同じである。逆にさまざまな事情から、放射線の影響を懸念しつつ福島にとどまり、あるいは家族が分かれて二重生活を余儀なくされている人々も少なくない。

原子力災害における避難に関しては、まず被ばくを避けることが優先課題であるが、放射性物質の放出量が多ければ避難が長期化する可能性が高い。

被災者に対する制度的な対応として一九四七年に制定の「災害救助法」の法体系がある。同法でいう「救助」とは、避難所や応急仮設住宅の供与・食品や飲料水の供給・生活必需品の給与、貸与・医療や助産・被災者の救出・被災した住宅の応急修理・生業に必要な資金等の給与、貸与等である。被災者に当座の住居を供与することは「災害救助法」で都道府県の義務として定められているが、同法は一九四七年の制定であり原子力災害は想定されておらず、他の都道府県にまたがる避難や市町村全体が避難する事態も想定されていなかった。このため福島原発事故の避難者に対しては「災害救助法」の拡大解釈・運用として応急仮設住宅が供与されることとなった。「仮設」と称しているように公有の空地に設置されたプレハブ村のような設備を想定したものである。しかし避難期間がどれだけ継続するか見通しが困難という事情もあり、公営住宅や借り上げ賃貸住宅を「みなし仮設」として利用することとなった。災害救助法で「供与」と記載されているように無償で提供されてきたが、二〇一七年三月以降に供与の打切りが提示された。

「原子力災害対策特別措置法」その他の原子力関連の法体系でも、原発事故の区域外避難者[注13]に対する住宅の供与は考慮されていない。また避難者の支援の観点からは、物理的な住居があればいいというものではない。二〇一二年六月に「東京電力原子力事故により被災した子どもをはじめとする住民等の生活を守り支えるための被災者の生活支援等に関する施策の推進に関する法律（略・子ども被災者支援法）」が民主党政権下で成立・施行された。これは国・自治体の指示によるだけでなく区域外避難者の「避難の権利」を認めたものである。

本来の同法の考え方では国による避難指示区域よりも広い範囲を対象とし、そこに留まる・避難する・帰還する等の選択の権利を尊重し、各々の選択に応じた支援をすべきことが規定されている。[注14]特に子ども（および胎児）の健康影響の未然防止、健康診断および医療費減免などが盛り込まれた。対象となる範囲は「支援対象地域」と呼ばれ「その地域における放射線量が政府による避難に係る指示が行われるべき基準を下回っているが一定の基準以上である地域」とされている。これを数字で示せば、制定当時の避難指示の基準は年間二〇ミリシーベルトであるが、これを下回る地域も対象となる。少なくとも福島県は全域該当するという議員答弁もなされている。[注15] ところが法律本体には理念・方針が記述されているのみで、具体的な施策の内容は「基本方針」を以て定めることとなっていたため、内容面の実効性はその基本方針に依存することになった。

政府の担当省庁では「実質的には何もしない」という方針を舞台裏で策定していた。二〇一三年一月には具体的な施策の「基本方針」を策定することになっていたが、二〇一二年一二月の政権交代を境に自民党政権は被災者の支援に消極的となったことから、その策定が引き延ばされた。

二〇一三年三月には「基本方針」ではなく「原子力災害による被災者支援施策パッケージ」[注16]が策定されたが、その内容は従来から存在していた施策を各省庁の縦割りで列挙しただけではないかとの批判が聞かれた。続いて法律で規定された「基本方針」の案が提示されたのは二〇一三年八月になってからであり、同一〇月に閣議決定された。この段階で、法律に記載されたとおりの支援が実施される支援対象地域は、いわき市など福島県の「浜通り」と、福島市・郡山市など「中通り」の三三市町村に限定された。また「汚染状況重点調査地域（年間一ミリシーベルト超）」とされる茨城県や栃木県、千葉県も外された。このように、自民党政権が復活した以後は、被災者支援の範囲と内容は狭められる一方で、「復興」の優先が表に出てくることになる。

復興とリスクコミュニケーション

事故が収束した以後は帰還・復興が問題となる。しかし福島原発事故では帰還・復興は進展していない。福島県浜通り・中通りでは、空間線量率だけをみても首都圏より一桁高いのであるから住民の不安は当然である。国と福島県は避難の線量率基準を緩和するとともに、汚染された住宅や土地から放射性物質を取り除く「除染」が進展したとして、一部（帰還困難区域）を除いて避難地域の指定を順次解除している。

政府の「原子力災害からの福島復興の加速に向けて　改訂（二〇一五年六月一二日）」による と「二〇二〇年の東京オリンピックを念頭に置いて」と記述されているが、福島事故の被害者がなぜ「東京」オリンピックに協力しなければならないのか。

現在でも福島県内は首都圏と比べれば数値は全体に一桁高い。福島県内のテレビ放送の気象情報の時間には今も毎日の空間線量率が報道される。前述の政府資料でも「帰還に向けた安全・安心対策」を掲げている。しかしもともと法律で一般公衆の被曝限度を年間一mSvとしているのに、法的根拠のない別の解釈を適用して、それを大幅に緩和して年間二〇mSvまで許容するという説明はいかにも無理があるのではないか。当然ながら避難者は、帰還しても問題ないのかどうか不安である。

そこで「リスクコミュニケーション」がたびたび登場する。政府は復興にはリスクコミュニケーションが不可欠であるとして、「放射線リスクコミュニケーション」[注17]「風評被害払拭に関する取組み」[注18]「復興におけるリスクコミュニケーションと合意形成のポイント」[注19]などの施策を提示している。

このリスクコミュニケーションとは、福島原発事故で新たに注目されるようになった方策ではなく、原子力の推進のために古くは日本の原子力導入の時期から行われてきた。原子力発電所・核燃料再処理施設・放射性廃棄物処理施設等を建設して運用すれば、事故の不安や一般公衆に対して何らかの追加的な人工的被ばくが発生することは避けられない。その不安に起因する人々の抵抗感を取り除いて原子力を推進する方策がリスクコミュニケーションである。ことに東海村ＪＣＯ事故（一九九九年九月）や、新潟県中越沖地震に起因する柏崎刈羽原発事故（二〇〇七年七月）、さらに言うまでもなく福島原発事故（二〇一一年三月）など、原子力に対する人々の不安が高まる時期には特にリスクコミュニケーションが強調されてきた。

リスクコミュニケーションは、提供する側（例・原子力事業者）と受け取る側（例・施設周辺の住民）の信頼関係の醸成が不可欠である。そこで説明のシナリオから始まり、服装・言葉づかい・用いる図表・質疑応答のやり方などプレゼンテーション技法に至るまで、多くのノウハウが提唱されている。望ましい、あるいは避けるべき態度や方法について長年の研究が重ねられ、現在では確立した方法論として提唱されている。

リスクコミュニケーションの分野ではCovelloの文献[注20]がよく引用される。Covelloによると、リスクを比較するための説明として、表11のように第一ランク（最も許容される）から第五ランク（通常許容できない・格別な注意が必要）まで格付けして、どのような説明が社会的に受け入れられやすい（受け入れられにくい）かを例示した指針である。たとえば自動車の運転と原子力のリスクを比較するなど種類の異なる比較は「第五ランク（通常許容できない・格別な注意が必要）」とされ、いずれもリスクコミュニケーションとしては最も避けるべき方法と評価されている。

ところが実際には、原子力の推進勢力はこうした基本を全く無視し、むしろリスクコミュニケーションを妨害する言動を繰り返してきた。原子力の「専門家」あるいは「自称専門家」は、福島原発事故の前から、さらに後からもその「最も避けるべき説明」を無頓着に繰り返している。ことに自動車（交通事故）のリスクとの比較が多く「交通事故があるから自動車をやめろという議論はみられないのと同様に、放射線のリスクがあるから原子力をやめろという議論は成り立たない」といった説明は典型的である。福島原発事故前では牧野昇（二〇〇一年）、大橋弘忠（よく知られる「プルトニウムは飲んでも大丈夫」発言・二〇〇五年）、さらには福

表11　リスクコミュニケーションで注意すべき手法

第一ランク（最も許容される）	異なる二つの時期に起きた同じリスクの比較 標準との比較 同じリスクの異なる推定値の比較
第二ランク（第一ランクに次いで望ましい）	あることをする場合としない場合のリスクの比較 同じ問題に対する代替解決手段の比較 他の場所で経験された同じリスクとの比較
第三ランク（第二ランクに次いで望ましい）	平均的なリスクと、特定の時間または場所における最大のリスクとの比較 ある有害作用の一つの経路に起因するリスクと、同じ効果を有する全てのソースに起因するリスクとの比較
第四ランク（かろうじて許容できる）	費用との比較、費用対リスクの比の比較 リスクと利益の比較 職務上起こるリスクと、環境からのリスクの比較 同じソースに由来する別のリスクとの比較 病気、疾患、傷害などの他の特定の原因との比較
第五ランク（通常許容できない—格別な注意が必要）	関係のないリスクの比較（例えば、喫煙、車の運転、落雷）

島事故後でさえも茅陽一（二〇一二年）・岡敏弘（二〇一五年）らの発言に典型的にみられる。原子力関係の産・学・官の主要論者がいわば「公式見解」として判で押したように繰り返してきた。次の例は福島事故前の例で牧野昇によるものである。

原子力の最大の課題は、「安全性の懸念」である。安全性とは何か。難しい問題である。「原子力発電は反対」と叫んでいる人に、「ここまで何で来ましたか」と聞くと、「自動車だ」と言う。さらに「原子力発電所では、三〇数年の運転で一人も死んでいない。自動車の運転で年間一万人が死んでいる」と言うと、相手はグッとつまる。しかし、原子力では「絶対安全」を求められる。もちろん、絶対安全は工学系ではありえないのだが、極限は追求できる。[注21]

しかもこの論稿はＪＣＯ事故の後であり「一人も死んでいない」という記述は不謹慎であろう。また「相手はグッとつまる」という対話の具体例が示されていないのでどのような対象者がそのような反応を示したのかも不明である。あるいはリスクを金銭価値で表現した説明もある。福島事故以後に茅陽一（公財・地球環境産業技術研究機構理事長）は、概算という前提ではあるが、事故の被害額を国民一人あたり年間一五〇〇〇円、同様に交通事故のコストを被害（損失）額を同じく二五〇〇〇円と推定した上で次のように述べている。

上記にあげた数字はもちろん幅があっていろいろ変わり得る。だが、原子力の損失が自動車利用の損失とさほど違わないものであることはたしかだろう。しかし、交通事故で人が死ぬから自動車の使用を止めろ、といった意見はおよそ聞いたことがない。これは人々が自動車を必要だ、と認識し、この程度の損失はその必要性にくらべて仕方がない、と考えているからだろう。それなら、原子力を人々に受け入れてもらうためには、原子力を自動車と同じように重要だ、と理解してもらうことが必要である。[注22]

同じく福島事故後であるが、週刊誌に「福島〝洗脳〟シンポジウム仰天リポート」との記事が掲載された。放射能を過度に心配する必要はないというキャンペーンが紹介され、そこでも自動車が引き合いに出され「放射線のリスクは交通事故のリスクより少ない」と主張されている。福井県立大学経済学部の岡敏弘が食材の放射能と自動車事故について計算上の秒単位の「損失余命」を比較して「合理的な行動」を提唱している。

一kgあたり二四〇〇Bqのイノハナ（山のきのこ）が一〇g入ったご飯を一合食べた場合、損失余命は七秒。一方で、自動車を一〇km運転する場合に、事故死する確率から計算した損失余命は二一秒。イノハナご飯を食べるより、自動車を運転するほうが三倍程度リスクが高いんです。こういう事実を考えることが、合理的な行動に結びつきます。[注23]

この行事のウェブサイトには「参加する専門家の渡航費・交通費は、原子力改革監視委員会の事務局である東京電力が福島復興およびリスクコミュニケーションの一環として負担しています」[注24]との記載がある。

住民は「地元の食材を、特に子どもに食べさせて問題ないのか」という不安で話を聞きに来ているはずである。それに対してこの説明では損失余命に影響があるという説明なのだから、原子力推進側が最も避けたがる内部被ばくと健康被害の関係をわざわざ認めているような内容である。もしこの説明が住民の印象に残れば、イノハナご飯を食べるたびに損失余命の短縮が頭に浮かび、ますます不安に陥るであろう。全くリスクコミュニケーションの目的を果たしておらず復興に何の寄与もしていない。

風評はなぜ起きるか

原子力災害に起因した「風評」について、放射線の有害性を誇張・喧伝する者がいるためであると批判する言説がある。しかしこれは全く逆である。風評が作り出される原因は、正確な情報の隠蔽や、虚偽の情報の流布が横行しているためである。

高木陽介・原子力災害現地対策本部長（当時）が二〇一五年七月に福島県楢葉町において、避難区域解除を伝える説明の際に「放射線の考え方は人それぞれ異なる。安心と思うかは心の問題だと思う」と発言して住民の反発を招いた。[注25] すなわち政府の資料で「人々の不安に対応したきめ細かな施策を強化」としている矢先に、ただでさえ積み重なってきた住民の不信・不安をむしろ増幅する言動がみられるのが現状である。

このように、いま国・県・原子力関係者が行っている「リスクコミュニケーション」とは強圧的に「リスク」を受け入れさせ、リスクについての不安の表明を抑圧することが目的であって、住民を支援する意図はなく復興をめざすものでもない。しかし情報を強力に統制しても「風評」が抑えられるという効果はない。

例えば旧日本軍では、特に戦局が劣勢になればなるほど、軍隊の内部でデマ・風評が蔓延したという。[注26]戦時中、政府は戦意高揚に努め、戦局の劣勢を「提灯行列」など各種のイベントでごまかそうとしたが、国民は物資の不足や身近な人の召集など実情を察知していた。ミッドウェー海戦の大敗（一九四二年六月）以後、日本側の被害を隠蔽する「大本営発表」が始まったとされるが、一般家庭には固定電話さえない当時でも、二〜三日後には中学生でも概ね真相を知っていた事実が記録されている。[注27]

本来のリスクコミュニケーションを活用するつもりがないとすれば、原子力推進側は社会に対してどのような方法で影響力を行使しようとするのであろうか。それは虚偽情報の流布や重要情報の隠蔽、マスメディアやインターネットの悪用、さらには明確に刑事犯罪に該当する嫌がらせ行為などである。[注28]福島原発事故で貯留を続けている汚染水の処理を担当する経済産業省資源エネルギー庁職員の木野正登参事官（当時）が、放射性物質トリチウム（三重水素）などを含む水の扱いに関する議論について、二〇一九年九月二七日に自身のフェイスブックに「廃炉に責任を負ってない人はピーチクパーチク言えるけどねえ、笑」と投稿していたことがわかった。[注29]同氏は事後に雑誌のインタビューに対して種々弁明しているが、結局は「科学的根拠をふまえてちゃんとご発言いただきたいという趣旨です」としている。

それ以前にも「原発事故子ども・被災者支援法」に関連して、二〇一三年三月七日に復興庁の水野靖久参事官（当時）のツイッター上での「左翼のクソ」発言事件が知られている。[注30]翌三月八日には「今日は懸案が一つ解決。正確に言うと、白黒つけずに曖昧なままにしておくことに関係者が同意しただけなんだけど、こんな解決策もあるということ〔注・前日の原子力災害対策本部の会合で復興大臣から提示された方針〕」二〇一二年六月に民主党政権下で成立・施行された「子ども被災者支援法[注31]」に関するできごとである。法律に基づいて「基本方針」を策定することになっていたが、自民党政権に復帰後の二〇一三年三月には、当初想定されていた救済範囲を著しく狭めて有名無実とした「原子力災害による被災者支援施策パッケージ[注32]」を省庁の実務レベルで策定したことがこの事件の背景にある。

「左翼のクソ」事件では人事処分までなされた経緯があったにもかかわらず、再び「ピーチクパーチク」事件が発生する背景には、いずれの事例にも共通した認識がある。それは、政府関係者は前述の木野正登の発言に見られるように「科学的根拠をふまえて」と主張するわりには、舞台裏で決めた既定の方針に都合のよい議論だけを取り上げ、誠実な説明もなく、法的根拠に基づかない種々雑多な「指針」「検討」「ガイドライン」等の情報を乱発して混乱を産み出す。そのいずれも「安全」との関連を明言してはおらず、その時々に都合のよい多重な基準を適用したり、「白黒つけずに曖昧なままにしておく」ことで先延ばしをしてきただけである。

これは前述の「集団無責任体制」と関連が深いが、風評の払拭とは全く相容れない。むしろ日本の原子力の創成期から政府の施策が「科学的説明抜きでくるくると変更」を繰り返してきた経緯があるからこそ「風評」が助長されてきたのであり、これでは被災者や住民から信頼されないことは当然である。もはや本来の意味でのリスクコミュニケーションは崩壊して再建は不可能な段階に至っている。

地域経済への打撃

かりに全面緊急事態となって屋内退避が指示されれば、避難に至らないまでも現地とその周辺では社会的・経済的な活動を停止せざるをえない。このような社会的・経済的な面での影響はどうなるであろうか。経済に対する波及影響を推計する方法として産業連関分析がある。ある産業に需要（たとえば消費者による購入）が発生したとき、その産業自体の生産を誘発（直接効果）するとともに、その産業に対して原材料等を供給する他の産業にも需要が発生し、それがさらに他産業へと産業全体に波及してゆく。これに雇用の発生（維持）が伴う。つぎに、この直接・間接効果で生じた雇用者所得のうち、消費にまわされた分により各産業の商品等の需要が再び発生する。

こうした波及影響を推定する手法が産業連関分析である。たとえば各種の公共事業やイベント（マラソン・サッカー・ラグビー等）の誘致における○○県の経済効果は○○億円」などの試算はこの手法で行われている。茨城県に関しては県ウェブサイトで経済波及効果分析シートが提供されている。[注33] また各都道府県でも同様のツールが提供されている。この産業連関分析では生産と雇用効果が産出されるが、県や市町村の財政の観点からみれば、雇用者の所得と事業者の利潤に応じて県民税（個人・法人）と事業税（個人・法人）の増収をもたらす。

ただし今回の検討における原子力災害時では需要の「発生」ではなく「消失」にあたるため、計算式は同じであるがすべてが反対方向（マイナス）になる。住民が実際に避難しないままでも屋内退避となれば、対象区域の消費（商品の購入、サービス財の利用等）がほとんど停止する。対象区域には農業・製造業・商業その他の事業者が存在するが、これらも活動を停止せざるをえないのでその分の生産が消滅する。避難対象とならなかった隣接地域でも平常通り生活や事業活動を継続することは考えにくい。事業者が活動を停止すれば被雇用者の収入あ

表12　UPZ退避の場合の社会・経済損失

	30km圏避難の場合			（参考）再稼働の場合
	合計（億円）	民間消費支出消失の分	事業者生産停止の分	合計（億円）
粗付加価値額（GDP）	-56,171	-9,048	-47,123	655
うち雇用者所得	-26,089	-3,959	-22,130	201
県民税（個人・法人）	-607	-92	-515	5
事業税（個人・法人）	-240	-36	-204	3
雇用者誘発数（人）	-671,740	-105,595	-566,145	3,710

るいは雇用そのものも失われることになる。

この前提で試算すると表12のような結果が想定される（数値はいずれも「年度あたり・単位億円」である）。UPZ圏内の住民が不在となり消費活動が消失することによる県内GDP（茨城県内の総生産）の損失が約九〇四八億円、および同圏内の各種の産業の生産者が活動を停止することによるGDPの損失が約五兆六一七一億円などである。合計すると県内GDPの約半分が失われる。このような影響の大きさは、県内でも経済規模の大きい水戸市・ひたちなか市等がUPZに入っていることも一因である。こうした消費・生産の消失の結果として派生的に失われる雇用は六七万人に達する。現実には原子力緊急事態と同時に解雇が発生するわけではないとしても、事業が停止して再開の見込みがなければ、全国規模の大企業は別として、地域の事業者は従業員に給与・報酬を提供することができない。

一方で東海第二原発がかりに稼働すれば、県内GDPや雇用に一定のプラス効果があり、その効果も前述の産業連関分析で同様に推定できる。しかしその結果は、GDPへの貢献は六五五億円、雇用の創出（維持）効果は三七〇〇人ていどに過ぎない。なお試算はデータの制約もあり茨城県内に限定して行ったが、茨城県内には、全国の関連企業に部品や半製品を出荷する製造業も立地しており、これらが活動を停止すれば日本全体の経済活動にも大きな支障が生じる。社会的・経済的な面でも再稼働は考慮に値しない愚策といえよう。

東海村が財政分析を依頼した研究者は、廃炉作業にも長い期間を要することから、廃炉関連の作業員が村に滞在することによる経済効果が長期的に持続し、再稼働に依存する必要はないと指摘している。また地域の旅館業関係者は、東海第二原発はすでに長期間停止（東日本大震災以降）しており、他の宿泊客の需要があるため再稼働による効果は大きくないとしている。[注34]

平時でも地域経済に貢献しない原発

これまで原発等の核施設は、リスクはあっても地域に対する経済効果が大きいと認識されてきた。二〇一九年に発覚した関西電力と立地自治体幹部の間での金品授受[注35]にみられるよう

表13　原発立地の有無による社会・経済指標の差

	項目	単位	平均値		統計的有意差
			原発立地あり	原発立地なし	
①	課税義務者当課税対象所得（全国で比較）	万円	290	283	なし
②	課税義務者当課税対象所得（福島県・福井県内で比較）	万円	303	256	あり
③	労働力人口に対する完全失業者の比率（全国で比較）	—	0.05	0.06	なし
④	労働力人口に対する完全失業者の比率（福島県・福井県内で比較）	—	0.05	0.05	なし
⑤	就業者数のうち他市区町村に通勤する者の割合（全国で比較）	—	0.28	0.37	あり
⑥	財政力指数*（電源立地交付金の有無/全国）	—	1.13	0.54	あり
⑦	人口当り民生費	千円	129	114	なし

に、ときに良識に反する手段を用いてでも関係者は原発等を誘致あるいは維持しようとしてきた。しかし本当に地域に対する経済効果があったのだろうか。たしかに電源立地交付金や発電事業者の固定資産税により立地市町村の財政は豊かであるが、原発等の立地は最終的に地域住民の利益に還元されているのだろうか。

福島県双葉町の井戸川克隆元町長は「事故で何もかも失って改めて、原発のない会津地域の自治体でも私たちの町と同じような施設があることを知った。原発に頼らなくてもよかったのだ」と述べている。[注36] 全国の市町村について、自治体別の統計[注37]を使用して、原発の立地がある自治体とない自治体を比較して、地域住民の経済・社会指標に関連する下記の諸項目について、福島原発事故前で統計的に有意差（平均値の差が偶然によるものかどうか）を検討した。

① 課税義務者当り課税対象所得（全国で比較）
② 課税義務者当り課税対象所得（原子力発電所が集中する福島県・福井県内で比較）
③ 労働力人口に対する失業者の比率（全国で比較）
④ 労働力人口に対する失業者の比率（福島県・福井県内で比較）
⑤ 就業者数のうち他市区町村に通勤する者の割合（全国で比較）
⑥ 財政力指数（自治体が必要とする支出に対する税金等の収入の割合）
⑦ 住民一人あたり民生費（福祉関係費歳出）の額（全国で比較）

結果の要約を表13に示す。課税義務者当課税対象所得（働いている人の所得が高いかどうか）については、全国で比べれば原発の立地あり・なしによる有意差がなかった。ただし原発が集中している福島県・福井県内での立地あり・なしで比較すれば有意差がみられるので原発の影響の可能性がある。また原発が雇用を産み出すと言われているが、労働力人口に対する失業者の比率では、全国および福島県・福井県内での比較とも有意差がなかった。また就業

図28　原発立地市町の商品販売額の推移

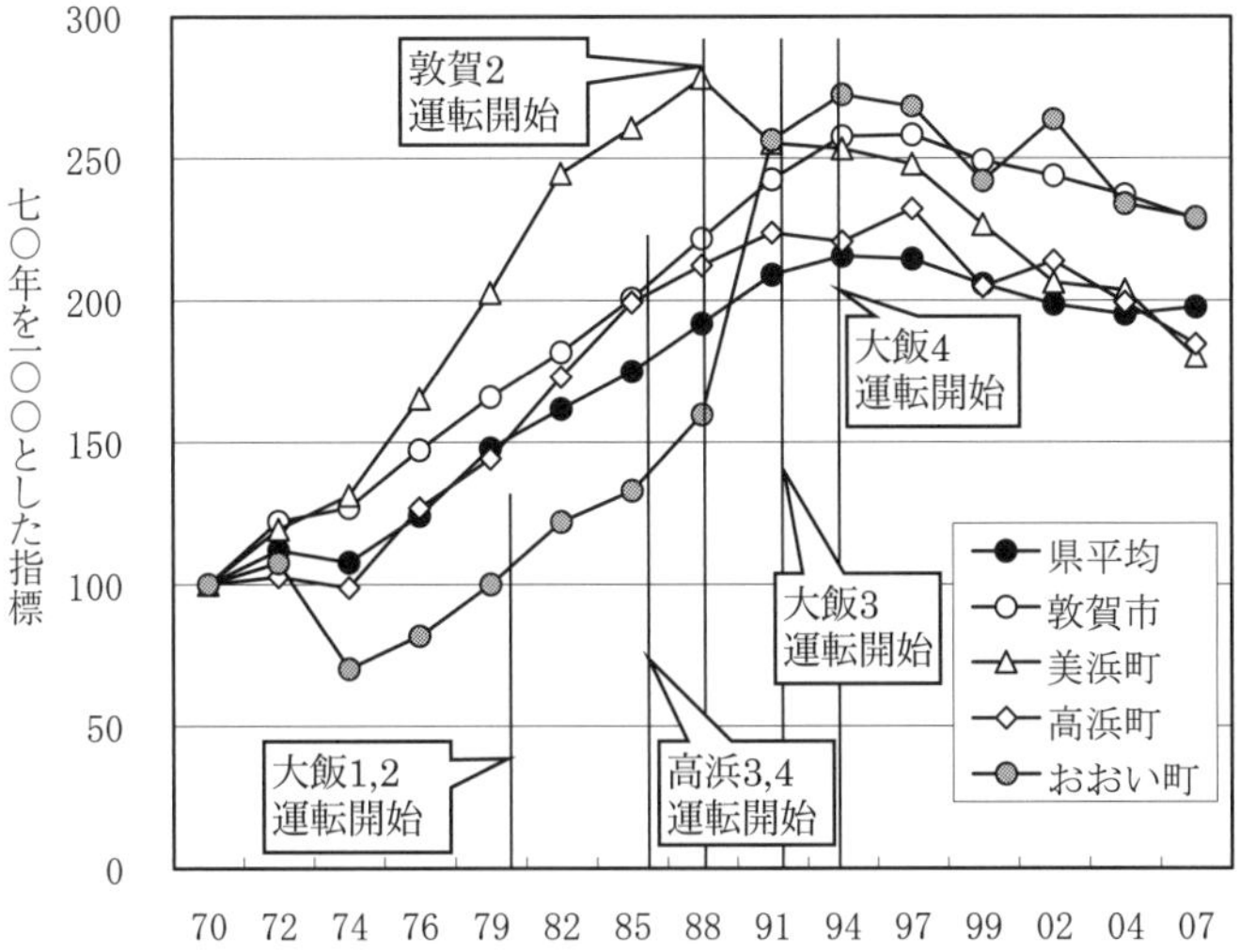

者数のうち他市区町村に通勤する者の割合も有意差がない。すなわち、原発の立地が地元での雇用を産み出しているかどうかは有意差はみられなかった。

一方、財政力指数については明確に差があり、原発立地市町村ではいわゆる「財政が豊か」であることを示している。これは電源立地交付金や発電事業者の固定資産税の影響から当然である。ところが住民一人あたりの民生費（社会福祉費・老人福祉費・児童福祉費・生活保護費・災害救助費の合計）では有意差がない。民生費は必ずしも住民の暮らしの質を示す指標ではないものの、いずれにしても、自治体の財政が豊かでも地域住民の社会・経済指標に差がないのであれば、原発の立地は平時でも地域住民に貢献しているとは言えないのではないか。

図28は福井県の原発立地市町の商品販売額の推移（途中バブル期があるため、実質価格に補正した）を示す。[注38] 原発の新設が続く時期は好況だが、それが終わると落ち込んでいる。すなわち常に原発を新設していないと地域経済の好況が維持できない。原発は税収効果が大きく自治体の財政に貢献した反面、その効果を生かしきれていない面があるとの報告もある。福井県若狭地域の各市町の税収や人口は増加した一方で、製造業の付加価値額（いわゆるＧＤＰ）は、ものづくりが盛んな越前・鯖江地区で住民一人あたり一四三万円に対して、原発が集中する敦賀・小浜地区は四九万三〇〇〇円にとどまった。[注39] 原発の中核的設備は特殊・専門的な機器が多く、全国規模の大手製造業には受注が発生する一方で、地元の事業者には周辺工事・単純工事のような仕事しか発注されないので付加価値が低いためではないかと考えられる。前述のように、良識に反する行為を用いてでも原発や関連事業を誘致あるいは維持しようとしてきたが、結局は効率の悪い活動をしていたと評価されるのではないだろうか。

東京電力は、二〇〇〇年代から順次導入された電力自由化への対応として大幅な合理化を実施したが、元請け企業が退出して技術力のない自社子会社が主に請け負う結果となり、その過程で地元企業が淘汰されたという。[注40] このように原発が地域の経済に貢献しているという認識はもはや幻想ではないか。

公共投資に依存した国家的な大規模プロジェクトでは、国内ゼネコンや外資系企業に利益をもたらす一方で地域は豊かにならず、むしろ地方自治体の債務の累積を増すことは実績から証明されている。また地域経済の活性化を期待して企業を誘致する施策はしばしば行われるが、それは多くの場合は企業の「分工場」であり、稼働して産み出された利益は本社に帰属して地域への還流は少ない。「先端技術」を標榜する例もあるが、それらは企業秘密であり地域に提供されることはない。[注41]秘密部分の多い核施設ではその傾向はさらに顕著であろう。

原発を断った市町村

福島事故前までに全国で商用原発が立地・稼働した市町村は一六箇所あるが、一方で原発の計画が持ち込まれながら断った市町村は多い。[注42]芦浜（三重県）・串間（宮崎県）・巻（新潟県）など活発な原発拒否活動で全国的にも知られた市町村とともに、より初期の段階で拒否した市町村も多く、一覧すると図29のようになる。▲は実際に立地した市町村であり、×は断った市町村である。日本の原子力の創成期に設置された旧東海発電所と東海第二発電所を除くと明確に首都圏が避けられていることがわかる。

いま岩手県に原発はないが、宮古市・久慈市・田野畑村（いずれも現市町村名）などの名前

図29　原発立地拒否マップ

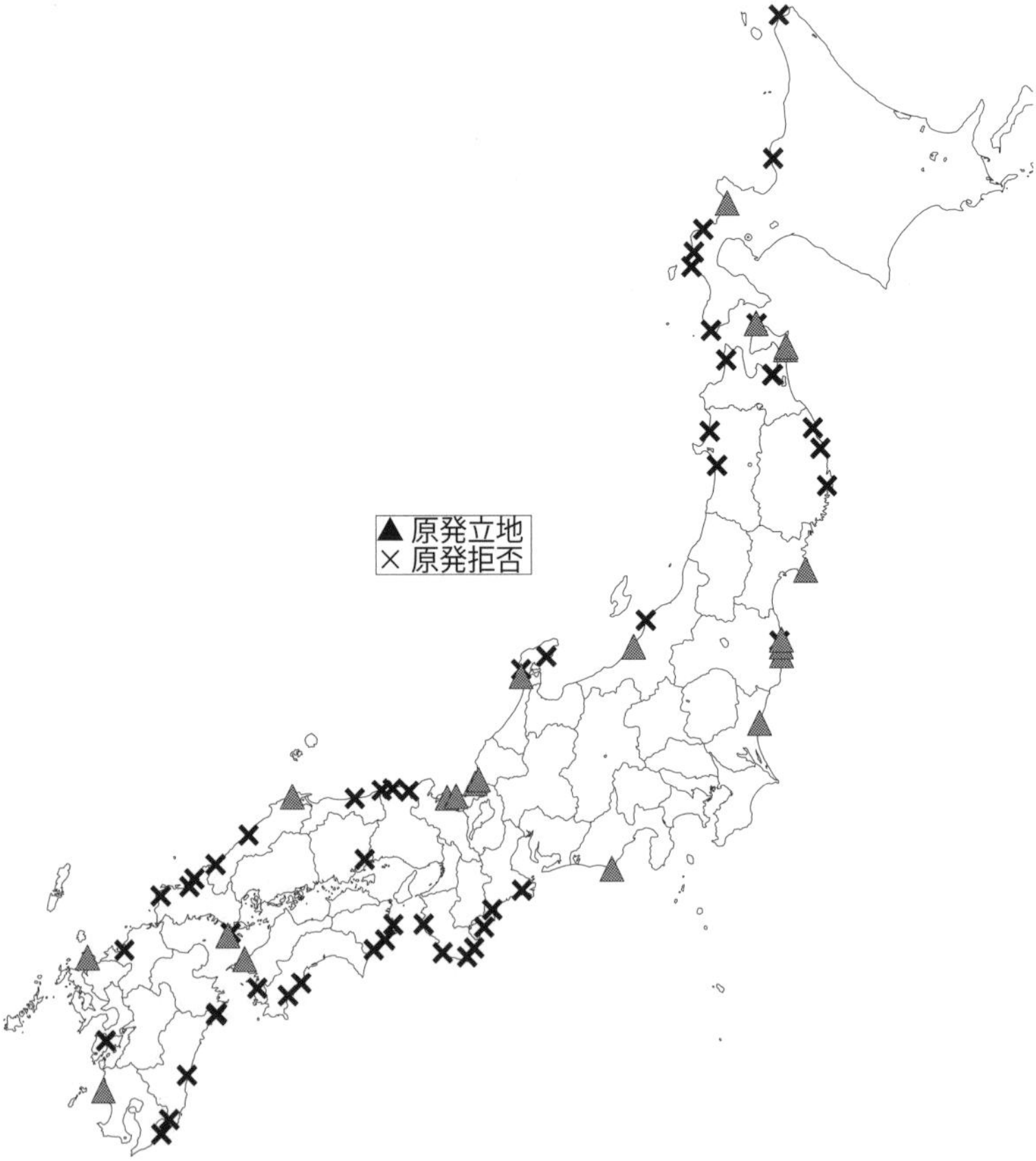

も挙がっている。三陸地方は津波の常襲地域であることは周知の事実であり、なぜ原発の設置を計画したのか理解できない。これらの地域は東日本大震災の津波で大きな被害を受けており、もし原発が存在して運転されていたら、福島第一原発と同様の事故に至って東北全域が居住不可能になる破滅的被害を招いた可能性がある。原発の危険性を察知して地道な活動により原発の立地を断った当時の関係者の英断を賞賛すべきである。[注43] いま東海・南海・東南海地震の被害が懸念されている近畿・四国・南九州にも多数の計画が持ち込まれており、実際に原発が立地していたら重大なリスクとなっていたであろう。

土と水に対する汚染

図30は福島で計測されたセシウム134＋セシウム137の地表沈着量[注44]を東海第二原発の位置に当てはめた状態である。また◇は浄水場の位置を示す。放射線障害防止法[注45]に基づく放射線管理区域の基準の一つとして表面汚染密度（α線を放出する放射性同位元素について四Bq／㎠（四万Bq／㎡）、α線を放出しない放射性同位元素について四〇Bq／㎠（四〇万Bq／㎡）とされている。管理区域と仮定すれば放射線業務従事者以外の一般人の立入りは禁止され特殊な管理が求められる。かりに福島事故と同じ放出があった場合、茨城県内のみならず関東地方

図30　汚染と水道施設

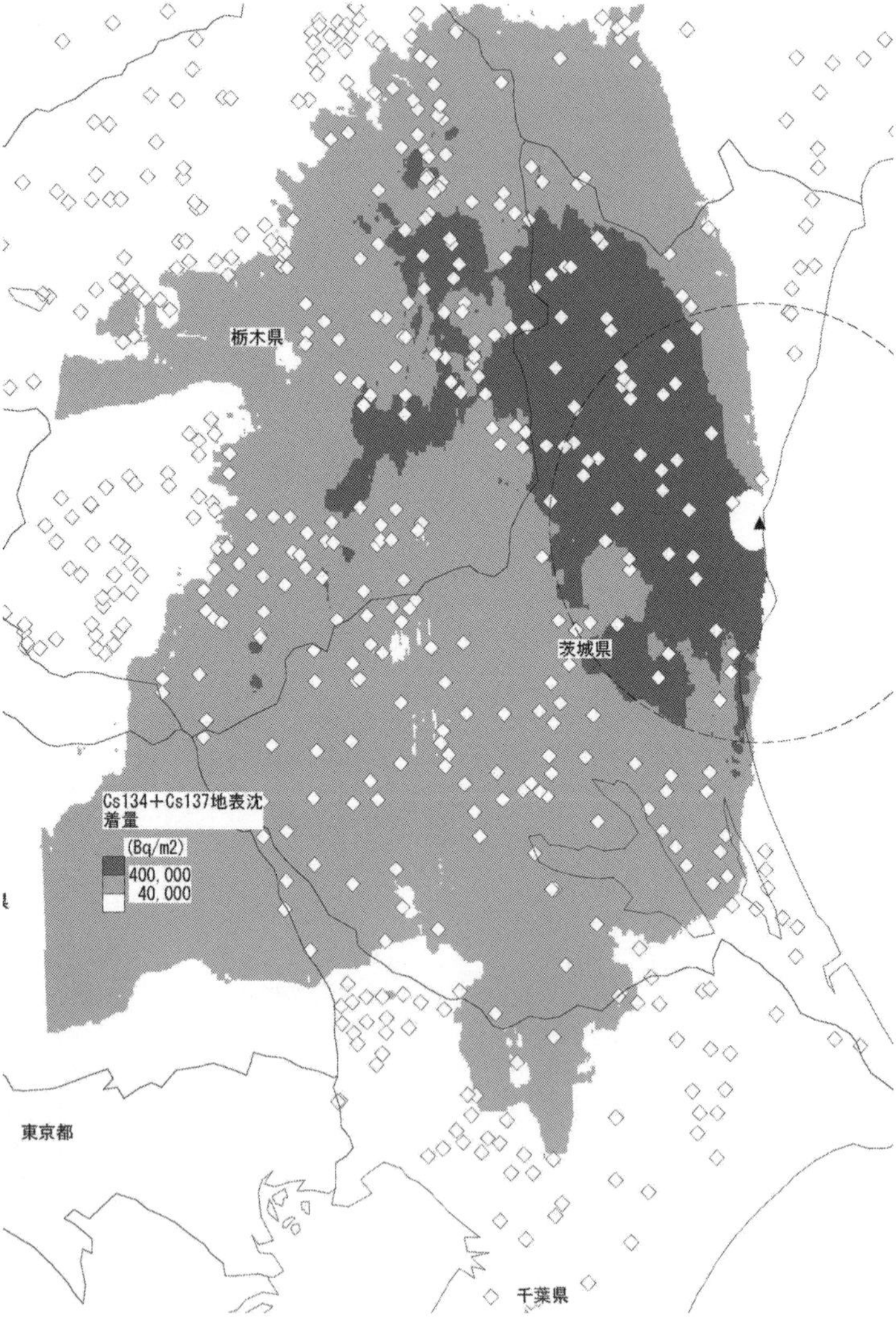
栃木県
茨城県
Cs134＋Cs137地表沈着量
(Bq/m2)
400,000
40,000
東京都
千葉県

全域に汚染をもたらし、そもそも避難先として利用できない可能性もある。

また放射性物質の放出と地表への沈着があれば農地は使用できなくなり、浄水場も一定以上の放射性物質の検出があれば給水ができなくなる。これはＵＰＺでの屋内退避を困難とする要因になる。また汚染範囲が広範囲に及べば、避難者を受け入れる側でも浄水場が汚染されて給水ができない事態が発生する可能性があり、避難者の受入れに支障を来たすおそれがある。

さらに福島原発事故でも現に大きな問題となっているように、福島県内だけでも二二〇〇万㎥にのぼる大量の汚染土が発生し、長年にわたり処理に苦慮することになる。汚染土に関する問題については関連書を参照していただきたい。[注46]

原子力事故と国民負担

福島原発事故の処理に関する費用には、大別して「廃炉と汚染水対策」「損害賠償」「除染」「中間貯蔵」の四分野がある。最終的な総額の予想は見直しのたびに膨張し、国は二二兆円としているが、日本経済研究センターは福島原発事故の処理費用は今後四〇年間に三五～八〇兆円に達するとの試算を示している。[注47]なお三五兆円のケースはデブリ（溶融燃料）を取り出さず閉じ込め方式を仮定した場合である。

一方で福島原発事故の被害者は、個人向けの損害保険では原子力災害は対象外であるため、東京電力に対して損害賠償を請求することになる。個別の訴訟のほかに、和解（合意）による手続きで被害者の負担を軽減し、支払いを迅速化するために「原子力損害賠償紛争解決センター」（ADRセンター）が設置された。しかし運用開始後、東京電力が被害を過小評価するなど和解が成立しない事案が多発し、ADRは機能を失っている状態である。それでも東京電力は二〇一九年一二月末までに累積で九兆一六二一億円の賠償金を支払っている。[注48] 除染（汚染土のはぎ取り、建物の洗浄など）については二〇一六年度末までにおおむね作業が終了したとされているが、二兆六二五〇億円を費やした。この費用も東京電力が負担することになっている。福島原発事故の時点では、各発電事業者は法律に基づいて原子力損害賠償保険（民間保険）への加入を義務づけられていたが、その賠償額は上限で一二〇〇億円しかなく、福島原発事故に関しては被害者への賠償はもとより事故処理の費用さえ調達できなかった。

このため福島事故後の二〇一一年九月に「原子力損害賠償支援機構」が設立（二〇一四年八月より「原子力損害賠償・廃炉等支援機構」に改組）され、同機構が民間融資や国債等により資金を調達して発電事業者が支払うべき賠償金等について資金を交付するしくみが設けられた。東京電力以外の発電事業者も機構に負担金を拠出し電力事業全体として相互扶助が行われる。

原子力損害賠償の法律面や実務については関連書を参照していただきたい。[注49] 二〇一五年八月の九州電力川内原子力発電所を皮切りに再稼働が相次いでいるが、同機構のしくみは東京電力に対する支援で手一杯であり、新たに大規模な事故が起きた場合の賠償の対策は整っていない。これも「大事故は起きない」という新安全神話を前提としている。

さらに原子力防災対策の費用も国庫から支出されている。賠償金に比べれば額は少ないものの、内閣府の原子力防災重点事業では、緊急時の連絡網整備、防災活動の機材整備、屋内退避を行う施設の放射線防護対策、訓練・研修費用などに、二〇一九年度で約二〇〇億円の予算が計上されている。[注50] いずれにせよこのような負担は他の発電方式では必要のない費用であり、発電事業者の負担とすれば利用者が支払う電気料金に転嫁され、あるいは公費とすれば税金として、いずれにせよ国民の負担となる。この点だけをみても原子力発電が経済的・社会的な合理性を欠いていることは明らかである。

脚注

注1　田中龍作ジャーナル「『倉敷・真備町報告』これが安倍首相訪問の前夜に付いたクーラーだ」。http://tanakaryusaku.jp/2018/07/00018498

注2　NHK News Web NHK特集「避難所の女性トイレは男性の三倍必要～命を守る『スフィ

ア基準』」二〇一八年五月一日。https://www3.nhk.or.jp/news/web_tokushu/2018_0501.html
注3　JQAN（支援の質とアカウンタビリティ向上ネットワーク）ウェブサイト。https://jqan.info/documents/others/
注4　『河北新報』「いのちと地域を守る　防災・減災のページ」二〇一八年一一月一一日。
注5　『毎日新聞』二〇一八年八月二〇日。
注6　多々納裕一「行きたいと思う避難所を」朝日新聞「オピニオン&フォーラム　みんなが避難するには」二〇一八年七月二七日。
注7　NHK NewsWeb特集「避難所でわが子は生きていけない」二〇一八年一〇月四日。https://www3.nhk.or.jp/news/web_tokushu/2018_1004.html?utm_int=tokushu-web_contents _list-items_025
注8　「熊本地震　避難所で性被害続発　泣き寝入り多数か」『毎日新聞』二〇一八年四月一七日。
注9　伊藤秀行・Wisetjindawat Wisinee・横松宗太「大規模災害時下における避難所への支援物資供給とそのロジスティクスのパターン」第五三回土木計画学研究発表会・講演集（CD―ROM）、二〇一六年五月。
注10　新潟県「原発事故に関する三つの検証について」。https://www.pref.niigata.lg.jp/sec/genshiryoku/kensyo.html
注11　第一回検証総括委員会（二〇一八年二月一六日）。資料№五。https://www.pref.niigata.lg.jp/uploaded/attachment/38213.pdf
注12　避難者の数は報告主体や集計範囲によって異なるが福島県の報告による数。把握されていない避難者を加えるとさらに多いと考えられる。https://www.pref.fukushima.lg.jp/site/portal/ shin

sai-higaijokyo.html

注13　政府の設定した避難区域外からも放射線の影響を懸念して避難した人々があり、一般に「自主避難者」と呼ばれるが、当事者から「必要がないのに独自に避難した」との印象を与えるとして「区域外避難者」と呼称してほしいとの要望が提起されている。

注14　ＦｏＥ Ｊａｐａｎ「原発事故子ども・被災者支援法のポイントと課題」。http://www.foejapan.org/energy/news/120621.html#06

注15　「福島県は全地域含まれる」（森雅子議員、二〇一二年六月一五日、衆議院東日本大震災復興特別委員会）との答弁より。

注16　復興庁「原子力災害による被災者支援施策パッケージ」。http://www.reconstruction.go.jp/topics/post_174.html

注17　復興庁ウェブサイト「放射線リスクコミュニケーション」。https://www.reconstruction.go.jp/topics/main-cat14/index.html

注18　復興庁ウェブサイト「風評被害払拭に関する取組み」。https://www.reconstruction.go.jp/topics/post_183.html

注19　首相官邸ウェブサイト「復興におけるリスクコミュニケーションと合意形成のポイント」。http://www.kantei.go.jp/saigai/senmonka_g57.html

注20　Covello V. 1989. Issues and problems in using risk comparisons for communicating right-to-know information on chemical risks. Environmental Science and Technology, 23（12）:1444-1449,1989

注21　牧野昇「原子力の安全を求めて」『日本原子力学会誌』四三巻一号、二〇〇一年、一頁。

注22 茅陽一「原子力と自動車の安全性」『日本原子力学会誌』五四巻八号、二〇一二年、一頁。

注23 「放射能は心配ない!? 福島〝洗脳〟シンポジウム仰天リポート」『女性自身』二〇一五年三月三日号、三九頁、岡敏弘（福井県立大学経済学部・ビデオ出演）の発言。http://dr-urashima.jp/fukushima/report2_2.html

注24 福島県伊達市「地域シンポジウム」第2回、二〇一五年二月二三日開催。http://dr-urashima.jp/fukushima/index2.html#wrapper

注25 二〇一五年七月七日・各社報道。

注26 山本七平『私の中の日本軍（上）』文藝春秋、一九七五年、八〇頁。

注27 宮脇俊三『時刻表昭和史』角川選書、一九八〇年、一一七頁。

注28 海渡雄一（編）『反原発へのいやがらせ全記録　原子力ムラの品性を嗤う』明石書店、二〇一四年。

注29 https://dot.asahi.com/print_image/index.html?photo=2019093000007_2

注30 「被災者や議員へ中傷ツイート連発～復興庁［支援法］担当」。http://www.ourplanet-tv.org/?q=node%2F1598

注31 正式名称は「東京電力原子力事故により被災した子どもをはじめとする住民等の生活を守り支えるための被災者の生活支援等に関する施策の推進に関する法律」。略称から対象が「子どもの被災者」と誤解される場合があるが、福島原発事故に関連する全被災者が対象である。

注32 http://www.reconstruction.go.jp/topics/post_174.html

注33 「茨城県産業連関表」ウェブサイト。http://www.pref.ibaraki.jp/kikaku/tokei/fukyu/tokei/betsu/sangyo/io17/index.html#bunseki

注34　『東京新聞』「東海村議選　東海第二原発の現場から（上）原発の恩恵　少ない」二〇二〇年一月一三日。
注35　関西電力「第三者委員会の設置について」二〇一九年一〇月九日。https://www.kepco.co.jp/corporate/pr/2019/1009_2j.html
注36　『日本経済新聞』「脱原発に転じた東海村の真意　村上村長に聞く」二〇一一年七月二五日。
注37　総務省統計局「統計でみる市区町村のすがた」。https://www.stat.go.jp/data/s-sugata/index.html
注38　福井県立大学地域経済研究所「原子力発電と地域経済の将来展望に関する研究　その一―原子力発電所立地の経緯と地域経済の推移」一五二頁。
同「市町村別決算状況調」。https://www.soumu.go.jp/iken/kessan_jokyo_2.html
注39　『読売新聞』二〇一〇年五月一一日。
注40　双葉地方原発反対同盟「脱原発情報」第二一六号、二〇一九年一二月二五日、三頁。
注41　岡田知弘『地域づくりの経済学入門　地域内再投資力論』自治体研究社、二〇〇五年、九一頁、一〇八頁。
注42　平林祐子「「原発お断り」地点と反原発運動」『大原社会問題研究所雑誌』No.六六一、二〇一三年。
注43　岩見ヒサ『吾が住み処ここより他になし』萌文社、二〇一〇年、一一八頁。
注44　日本原子力研究開発機構「放射性物質の分布状況等調査による航空機モニタリング」で二〇一一年四月二九日に補正した数値。https://emdb.jaea.go.jp/emdb/portals/b1020201/
注45　正式名称「放射性同位元素等による放射線障害の防止に関する法律」。

注46　まさのあつこ『あなたの隣の放射能汚染ゴミ』集英社新書〇八七一B、二〇一七年、日野行介『除染と国家　二一世紀最悪の公共事業』集英社新書〇九五七A、二〇一八年。
注47　日本経済研究センター「事故処理費用、四〇年間に三五兆〜八〇兆円に―廃炉見送り（閉じ込め・管理方式）も選択肢に―」。https://www.jcer.or.jp/jcer_download_log.php?post_id=43790&file_post_id=43792
注48　東京電力ホールディングス「賠償金のお支払い状況」。http://www.tepco.co.jp/fukushima_hq/compensation/results-j.ht
注49　豊永晋輔『原子力損害賠償法』信山社、二〇一四年、第一東京弁護士会災害対策本部編『実務　原子力損害賠償』勁草書房、二〇一六年など。
注50　内閣府「原子力防災対策について」。http://www.tiikinokai.jp/file/meeting/pdf/teirei/197/197date_cao.pdf

おわりに

本書では原子力災害対策指針（「指針」）あるいはそれに基づく各省庁の資料、道府県・市町村の避難計画では、住民の安全な避難は不可能であることを指摘した。それはもともと原発の再稼働と避難の問題が「集団無責任体制」の狭間に埋もれ、誰も責任を持っていないからである。原子力の推進勢力は常に「市民は専門的知識を知ろうとせず、科学的・合理的な判断をせず情緒的な不安感から原子力を怖れている」と主張してきた。

しかし実際には、大橋弘忠（東京大学工学系研究科教授）が九州電力玄海原子力発電所三号機のプルサーマル計画に関する公開討論会で「専門家になればなるほど、そんな格納容器が壊れるなんて思えないですね[注1]」（二〇〇五年）と豪語したが、実際は「専門家になればなるほど」理工学的思考を意図的に封印し観念論に陥っていたのである。福島事故の前、『原子力安全年報』の二〇〇一年版では確率論的安全評価（ＰＳＡ）を初めて導入し、原子力発電所で重大事故が起きる確率を評価した場合に一〇のマイナス五乗［注・一〇炉万年に一回］以下だ

としている。[注2]

しかし福島事故は同じく確率で評価すれば約五〇〇〇年に一回に相当し、「専門家」の評価は非現実的な楽観論に過ぎないことが露呈した。原子力関係者はいわゆる「理工系」が多いので「絶対ゼロ」という断定はしないが、ひとたび破滅的な事故が起きれば対処不能となり被害が測り知れない規模になることも知っている。そこでみずからの不安を先送りするために編み出したのが確率論的評価であり、それは福島原発事故前までのわずかな期間は形を保っていたものの、福島事故で完全に破たんした。

いま再び「新安全神話」が始動しようとしているが、その背景には「福島事故の教訓から対策（新規制基準）も強化されたのだから、実際に住民が避難するような事態は起きないだろう」という思い込みがある。しかし「一〇万年に一回の確率と言われていた事故が、現実には五〇〇〇年に一回の確率で起きた」という桁違いの予測の誤りに照らせば、新規制基準で対策を加えたところで、飛躍的に安全性が高まったとは考えられない。

国の避難政策が「できるだけ住民を逃がさない」方針に転換したと同時に、現実にもひとたび原発事故があれば現実的な時間内で安全な避難は不可能であることが改めて確認された。すなわち住民の生命・財産を守るための最も賢明な選択は原発の停止である。しかし今すぐ原発を停止しても、過去の運転で生成された使用済み燃料は各原発のプール（BWR）・ピット（ＰＷＲ）の水中にほぼ満杯の状態で浸漬《しんせき》して貯留されている。原子炉から取り出した核燃料は、放射線の遮へいと冷却を兼ねて少なくとも数年間は水中に浸漬しておく必要がある。

しかし核燃料の再処理プロセスが頓挫しているので次の行き場はない。プールやピットは反応容器・格納容器に比べると自然災害や人為的な破壊に対して脆弱であり、もし冷却水が失われて使用済燃料が大気中に露出すれば、福島事故を桁ちがいに上回る被害が発生する。自然冷却が可能になった時点で乾式貯蔵（「はじめに」参照）に移行し各発電所の敷地内で保管する方式が最もリスクが少ない。

また停止後の原子炉に対して廃炉の課題があるが、被ばくの広がりを避けるため放射線レベルが十分に下がるまで最低限の保存処置を施して「放置」するのが望ましい。

図31は「脱原発をめざす首長会議」[注3]の会員の所在地一覧（二〇二〇年一月現在）である。全国三四都道府県の市区町村長一〇五名（うち元職七一名）が加盟し、全国から脱原発をアピールしている。前述の「原発お断りマップ」でもみたように、地域に重大な影響をもたらす原発について判断するのは基礎自治体としての市区町村である。これは地方自治の問題であり、地方自治なき所に住民の安心・安全はない。東海第二原発に関しては、福島事故前には自治体と発電事業者の間の安全協定（第３章参照）の対象が茨城県と東海村に限定されていたが、

図31　脱原発をめざす首長会議会員の所在地一覧

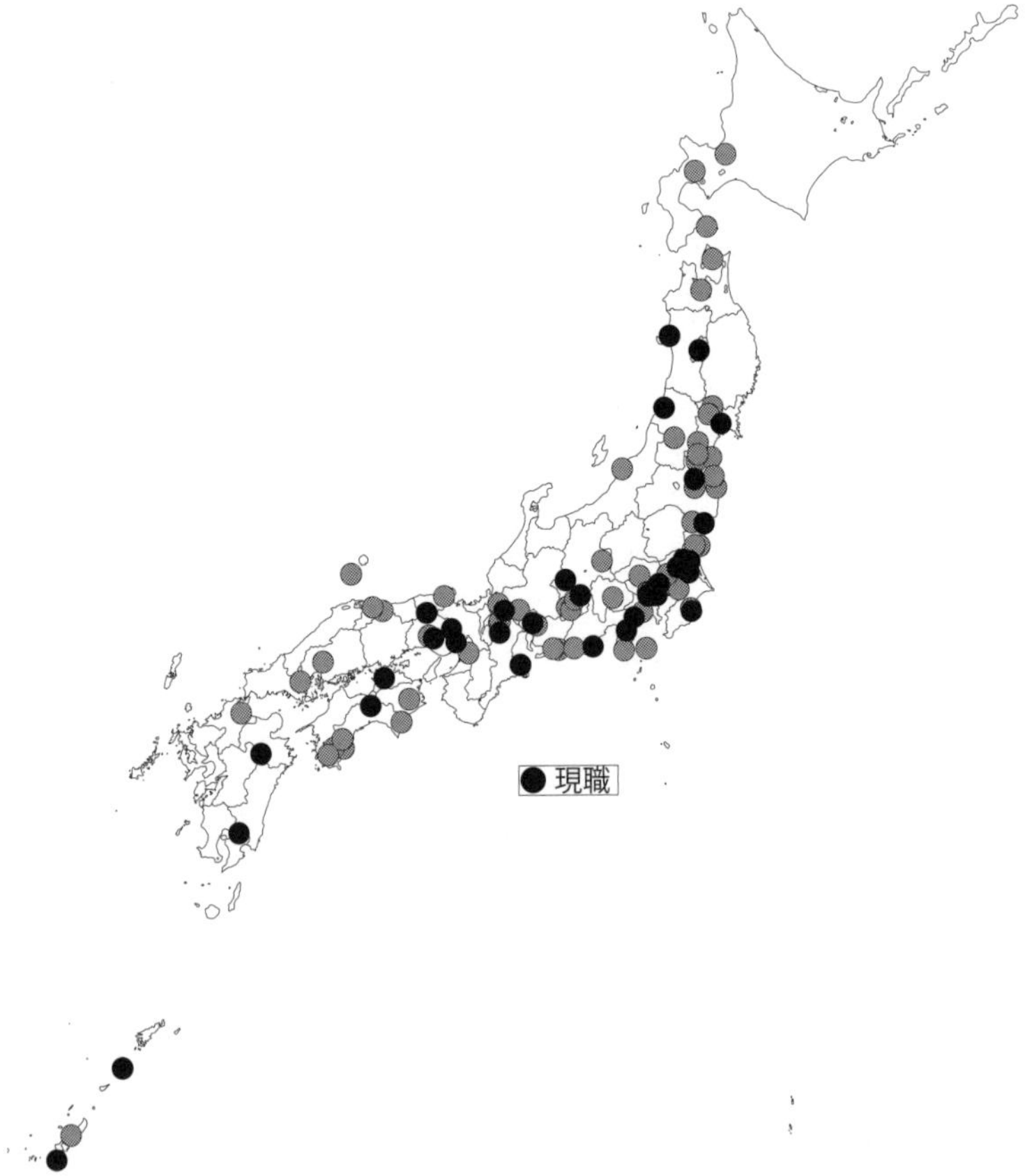

事故後には周辺の五市一町に拡大された。[注4]また茨城県内の四四市町村のうち一一市町の首長が反対を表明し、二九市町の議会で再稼働反対あるいはこれに準ずる趣旨の意見書が採択された。[注5]原発だけでなくその他の多くの政治課題についても同様である。

今回の本書についても緑風出版の高須次郎氏ほかスタッフの方々にご尽力いただいた。改めてお礼を申し上げたい。

脚注

注1　二〇〇五年一二月二五日の佐賀県主催「プルサーマル公開討論会」「玄海原子力発電所三号機プルサーマル計画の安全性について」録画よりそのまま文字起こししたもの。https://www.youtube.com/watch?v=VNYfVlrkWPc

注2　佐田務「原発問題の社会学的考察〈現代〉を問い直すためのノート」『日本原子力学会誌』四三巻七号、二〇〇一年、六四六頁。

注3　「脱原発をめざす首長会議」会員一覧。http://mayors.npfree.jp/?cat=8

注4　反原発運動全国連絡会編『原発のない未来が見えてきた』三一頁、(村上達也「原子力安全協定の地域枠拡大始末―東海村長の挑戦」)緑風出版、二〇一二〇年。

注5　とめよう!東海第二原発首都圏連絡会ウェブサイト。https://stoptokai2-shutoken.jimdofree.com/地方議会意見書/

脚注

注1　"Reactor Safety Study An Assessment of Accident Risks in U.S.Commercial Nuclear Power Plants (Appendix VI)", United States Nuclear Regulatory Commission, October 1975

注2　http://www.nsr.go.jp/data/000047210.pdf

注3　https://www.nsr.go.jp/data/000047953.pdf

注4　会計検査院「原子力災害対策に係る施設等の整備等の状況について」より上岡補足。http://report.jbaudit.go.jp/org/pdf/280425_zenbun_01.pdf

注5　https://www.nsr.go.jp/disclosure/committee/kisei/h24fy/20121024.html

注6　https://www.nsr.go.jp/disclosure/committee/kisei/h26fy/20140528.html

付属資料3 「原子力災害対策指針」の変遷[注4]

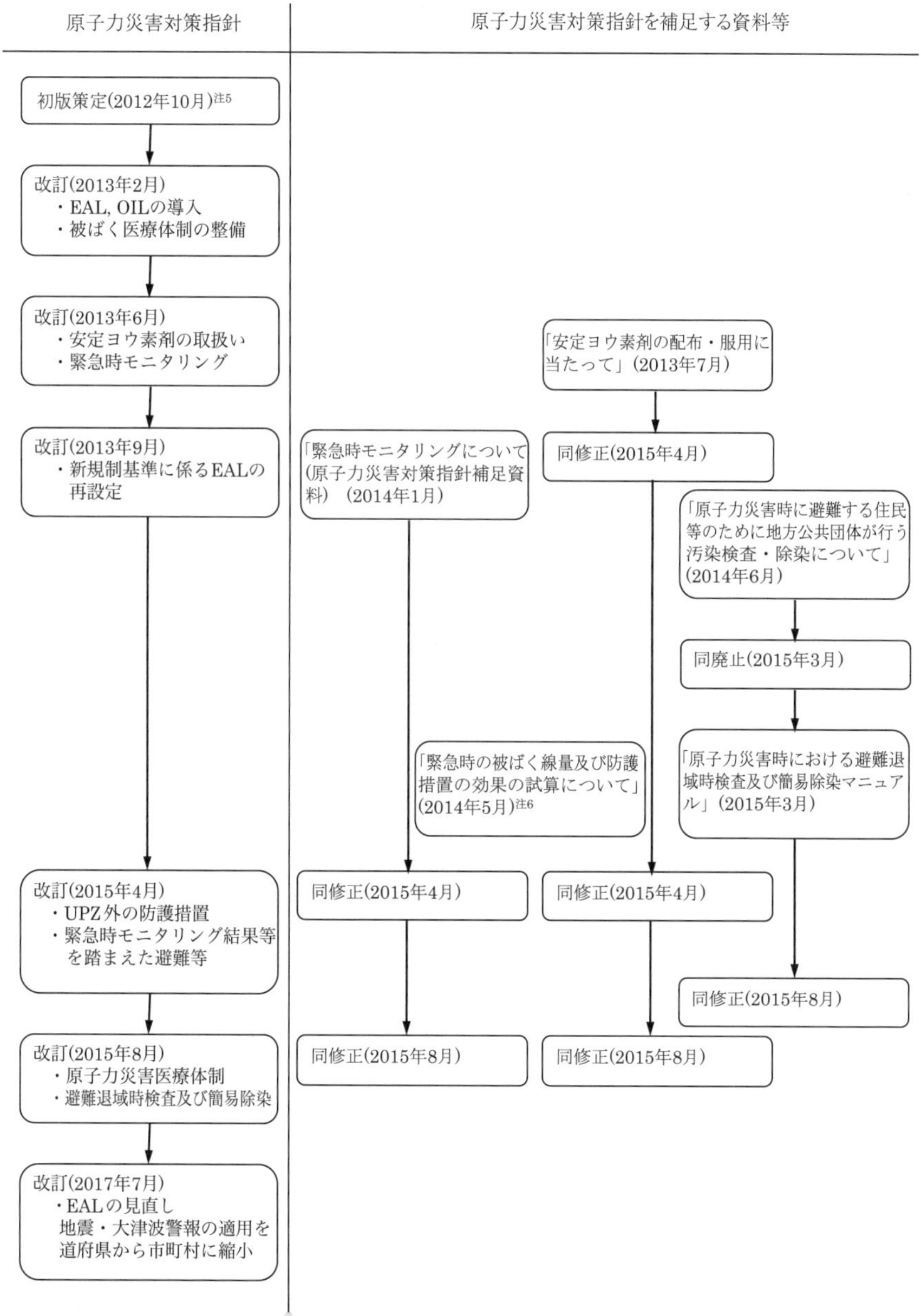
原子力災害対策指針
原子力災害対策指針を補足する資料等
初版策定(2012年10月)[注5]
改訂(2013年2月)
・EAL, OILの導入
・被ばく医療体制の整備
改訂(2013年6月)
・安定ヨウ素剤の取扱い
・緊急時モニタリング
「安定ヨウ素剤の配布・服用に当たって」(2013年7月)
改訂(2013年9月)
・新規制基準に係るEALの再設定
「緊急時モニタリングについて(原子力災害対策指針補足資料)(2014年1月)
同修正(2015年4月)
「原子力災害時に避難する住民等のために地方公共団体が行う汚染検査・除染について」(2014年6月)
同廃止(2015年3月)
「緊急時の被ばく線量及び防護措置の効果の試算について」(2014年5月)[注6]
「原子力災害時における避難退域時検査及び簡易除染マニュアル」(2015年3月)
改訂(2015年4月)
・UPZ外の防護措置
・緊急時モニタリング結果等を踏まえた避難等
同修正(2015年4月)
同修正(2015年4月)
同修正(2015年8月)
改訂(2015年8月)
・原子力災害医療体制
・避難退域時検査及び簡易除染
同修正(2015年8月)
同修正(2015年8月)
改訂(2017年7月)
・EALの見直し
地震・大津波警報の適用を道府県から市町村に縮小

環境放出量	IAEA 2011-6報告書に採用した値 Cs で 3.87 × 1016Bq (38,700 TBq) Iで1.81×1018Bq Xeは97%（ほぼ全量）	希ガス インベントリ全量 Cs-137で100TBq その他はNRC／NUREG-1465の格納容器放出比率で按分
環境放出割合	環境放出量／炉内インベントリ Cs-137で2.1% Xeはほぼ全量	同左 Cs-137で0.3% 希ガスは全量
気象条件	年間8,760hr、累積出現確率97%	
被ばく限度・ヨウ素剤服用限度	同右	IAEAによる 避難基準 100mSv／7日 ヨウ素剤服用基準 50mSv／7日

このような条件で試算を行い、次のような「示唆」を記述している。

(1) PAZにおける防護措置
- ・PAZでは、放射性物質の放出前に、予防的に避難を行うことが基本。
- ・ただし、予防的な避難を行うことによって、かえって健康リスクが高まるような要援護者については、無理な避難を行わず、屋内退避を行うとともに、適切に安定ヨウ素剤を服用することが合理的。
- ・なお、コンクリート構造物は、木造家屋よりも被ばく線量を低減させる効果があることが知られている。また、病院等のコンクリート建物に対して放射線防護機能を付加することで、より一層の低減効果を期待できる。

(2) UPZにおける防護措置
- ・UPZでは、放射性物質の放出前に、予防的に屋内退避を中心に行うことが合理的。

(3) 放射性プルーム通過時の防護措置
- ・放射性プルームが通過する時に屋外で行動するとかえって被ばくが増すおそれがあるので、屋内に退避することにより、放射性プルームの通過時に受ける線量を低減することができる。

BWR2	崩壊熱除去系の喪失のため格納容器内の圧力が上昇して、格納容器が破壊、その後、炉心溶融が起こる。この場合、放射能の沈着はわずかしか起こらず、直接大気中に放出されることになる。多くの放射能に関して、放出量はBWR1と同程度。	0.5
BWR3	格納容器が加圧によって破壊されることはBWR2と同じ。ただし、炉心から放出された放射能は、原子炉建屋を通して放出されるケース。放射能は、沈着したり、圧力抑制プールの水で除去されたりするので、環境への放射能放出はBWR2より少ない。	0.1
BWR4	格納容器隔離が不十分となって、放射能が環境に漏洩するケース。ただし、漏洩が起きるために、格納容器の加圧による破壊は免れる。	5×10^{-3}
BWR5	炉心は溶融せず、わずかの放射能が燃料棒ギャップから放出されるケース。	4×10^{-9}

付属資料2　放射線防護に関する試算の前提条件の変遷

	2012年10月試算[注2]	2014年5月試算[注3]
対象炉 インベントリ	①福島事故で放出された量を仮定 ②福島事故で放出された量を基準に各サイトの出力の比を乗じる	800MWe／2,652MWt PWR 102%／40,000時間 格納容器への放出割合：米国NRC／NUREG-1465に準拠
放出シーケンス	停止から放出開始まで 23hr （放出開始時間 3.12 14時 停止時間はSBO 3.11 15時とした場合） 放出継続時間 10hr 放出高さ 0m	停止から放出開始まで12hr 放出継続時間 5hr 放出高さ 50m

巻末付属資料

付属資料1　沸騰水型に対する事故パターンの想定

表は原子炉事故の評価として以前からしばしば引用されてきた米国原子力委員会の原子炉事故の確率論的評価（通称「ラスムッセン報告」・WASH1400[注1]）の数値であり、事故のパターン別に炉心に内蔵されている核種の放出割合を推定したものである。同報告はPWR（加圧水型）とBWR（沸騰水型）について示されているが、ここでは東海第二あるいは女川に該当するBWRについて示す。1～5のパターンがあり数字が小さいほど重大性が高い。事故状況は福島原発事故と正確に一致していないが、セシウム類の炉心内蔵量に対する放出割合を目安にすれば福島原発事故はおおむねBWR3と4の中間程度と考えられる。セシウムについてみればBWR3で10%、BWR4で0.5%であるから、この点から見ても福島事故はおおむねBWR3と4の中間程度に相当するレベルと考えられる。この各々のパターンに対して、核種（45種）ごとの放出割合、放出高さ、放出継続時間等が設定されている。

事故パターン	事故状況	セシウム類の炉心内蔵量に対する放出割合
BWR1	原子炉圧力容器の中に炉心の約半分が残っている状態で水蒸気爆発が発生。その結果、この約半分の炉心分が格納容器を突き破って放出される。細かく飛び散った溶融炉心は空気中で酸化され、大量の放射能が拡散する。	0.4

[著者略歴]

上岡直見（かみおか　なおみ）

1953 年 東京都生まれ

環境経済研究所 代表

1977 年 早稲田大学大学院修士課程修了

技術士（化学部門）

1977 年～ 2000 年 化学プラントの設計・安全性評価に従事

2002 年より法政大学非常勤講師（環境政策）

著書

『乗客の書いた交通論』（北斗出版、1994 年）、『クルマの不経済学』（北斗出版、1996 年）、『地球はクルマに耐えられるか』（北斗出版、2000 年）、『自動車にいくらかかっているか』（コモンズ、2002 年）、『持続可能な交通へ―シナリオ・政策・運動』（緑風出版、2003 年）、『市民のための道路学』（緑風出版、2004 年）、『脱・道路の時代』（コモンズ、2007 年）、『道草のできるまちづくり（仙田満・上岡直見編）』（学芸出版社、2009 年）、『高速無料化が日本を壊す』（コモンズ、2010 年）、『脱原発の市民戦略（共著）』（緑風出版、2012 年）、『原発避難計画の検証』（合同出版、2014 年）、『走る原発、エコカー――危ない水素社会』（コモンズ、2015 年）、『鉄道は誰のものか』（緑風出版、2016 年）、『JR に未来はあるか』（同、2017 年）、『Ｊアラートとは何か』（同、2018 年）、『日本を潰すアベ政治』（同、2019 年）、『自動運転の幻想』（同、2019 年）など

原発避難《げんぱつひなん》はできるか

2020年3月25日 初版第1刷発行　　定価2000円＋税

著　者　上岡直見 ©
発行者　高須次郎
発行所　緑風出版
〒113-0033　東京都文京区本郷2-17-5　ツイン壱岐坂
［電話］03-3812-9420 ［FAX］03-3812-7262［郵便振替］00100-9-30776
［E-mail］info@ryokufu.com［URL］http://www.ryokufu.com/

装　幀　斎藤あかね
制　作　R 企 画　　印　刷　中央精版印刷・巣鴨美術印刷
製　本　中央精版印刷　　用　紙　中央精版印刷・巣鴨美術印刷　E1200

ISBN978-4-8461-2006-1　C0036

◎緑風出版の本

■全国どの書店でもご購入いただけます。
■店頭にない場合は、なるべく書店を通じてご注文ください。
■表示価格には消費税が転嫁されます

自動運転の幻想

上岡直見著

四六判上製
二三二頁
2500円

自動運転は自動車や交通に関わる諸問題を解決できると期待が高まっている。自動車メーカーの開発も急ピッチだ。本当にそうなのか？　本書は自動運転の技術問題と交通問題を多角的な視点から分析、自動運転の限界と幻想を指摘。

JRに未来はあるか

上岡直見著

四六判上製
二六四頁
2500円

国鉄民営化から三十年、JRは赤字を解消して安全で地域格差のない「利用者本位の鉄道」「利用者のニーズを反映する鉄道」に生まれ変わったか？　JRの三十年を総括、様々な角度から問題点を洗いだし、JRの未来に警鐘！

鉄道は誰のものか

上岡直見著

四六判上製
二二八頁
2500円

日本の鉄道の混雑は、異常である。混雑解消に必要なことは、鉄道事業者の姿勢の問い直しと交通政策、政治の転換である。混雑の本質的な原因の指摘と、存在価値を再確認する共に、リニア新幹線の負の側面についても言及する。

Jアラートとは何か

上岡直見著

四六判上製
二七二頁
2500円

今にもミサイルが飛んでくるかのようにJアラートが鳴らされ、国民保護訓練がなされた。そんなことで国民を護れるのか。朝鮮半島の緊張緩和に向けた模索が続く今、社会的・経済的・技術的な事実に基づく保護政策が求められる。

日本を潰すアベ政治

上岡直見著

四六判上製　三〇四頁　２５００円

「日本を取り戻す」を標榜する安倍政権だが、その政策は米国追従かと思えば旧態依然の公共事業のバラマキ、消費税引き上げなど、支離滅裂である。本書では、防災、原子力、経済、防衛、教育など各分野でその誤りを指摘する！

持続可能な交通へ

〜シナリオ・政策・運動

上岡直見著

四六判上製　三〇四頁　２４００円

地球温暖化や大気汚染など様々な弊害……。クルマ社会批判だけでは解決にならない。脱クルマの社会システムと持続的に住み良い環境作りのために、生活と自治をキーワードに、具体策を提言。地方自治体等の交通関係者必読！

日本を壊す国土強靱化

上岡直見著

四六判上製　二八四頁　２５００円

自民党の推進する「防災・減災に資する国土強靱化基本法案」を総点検し、公共事業のバラマキや、原発再稼働を前提とする強靱化政策は、国民の生命と暮らしを脅かし、国土を破壊するものであることを、実証的に明らかにする。

市民のための道路学

上岡直見著

四六判上製　二六〇頁　２４００円

今日の道路政策は、クルマと鉄道などの総合的関係、地球温暖化対策との関係などを踏まえ、日本の交通体系をどうするのか、議論される必要がある。本書は、市民のために道路交通の基礎知識を解説し、「脱道路」を考える入門書！

脱原発の市民戦略

真実へのアプローチと身を守る法

上岡直見、岡將男著

四六判上製　二七六頁　２４００円

脱原発実現には、原発の危険性を訴えると同時に、原発は電力政策やエネルギー政策の面からも不要という数量的な根拠と、経済的にもむだということを明らかにすることが大切。具体的かつ説得力のある市民戦略を提案。

プロブレムQ&A
総点検・リニア新幹線
〔問題点を徹底究明〕
リニア・市民ネット編著

A5判変並製
一六八頁
1400円

リニア新幹線計画が始動した。しかし、膨れあがる建設費や電力消費、トンネル工事から発生する膨大な残土処理や自然・景観破壊など問題は何一つ解決していない。しかも、時間短縮はあやしく、採算性も厳しい。問題点を総点検。

危ないリニア新幹線
リニア・市民ネット編著

四六判上製
三〇四頁
2400円

JR東海によるリニア中央新幹線計画は、リニア特有の電磁波の健康影響問題や、中央構造線のトンネル貫通の危険性、地震の時の対策など問題が山積だ。本書は、問題点を、専門家が詳しく分析、リニア中央新幹線の必要性を考える。

プロブレムQ&A
どうする？ 鉄道の未来
〔増補改訂版〕地域を活性化するために
鉄道まちづくり会議編

A5版変並製
二六四頁
1900円

日本全国で赤字を理由に鉄道の廃止が続出しているが、これでいいのか。日本社会の今後を考えれば、交通問題を根本から見直す必要があるのではないか。本書は地域の鉄道を見直し、その再評価と存続のためのマニュアルである。

プロブレムQ&Aシリーズ
危ない携帯電話〔増補改訂版〕
［それでもあなたは使うの？］
荻野晃也著

A5判変並製
二三二頁
1900円

携帯電話が爆発的に普及している。しかし、携帯電話の高周波の電磁場は電子レンジに頭を突っ込んでいるほど強いもので、脳腫瘍の危険が極めて高い。本書は、政府や電話会社が否定し続けている携帯電話と電波塔の危険を解説。

健康を脅かす電磁波
荻野晃也著

四六判並製
二七六頁
1800円

電磁波による影響には、白血病・脳腫瘍・乳ガン・肺ガン・アルツハイマー病が報告されている。にもかかわらず日本ほど電磁波が問題視されていない国はありません。本書は、健康を脅かす電磁波問題を、その第一人者がやさしく解説。